U0544117

孤独管理

王浩一 著

GUANGXI NORMAL UNIVERSITY PRESS
广西师范大学出版社
·桂林·

GUDU GUANLI
孤独管理

图书在版编目（CIP）数据

孤独管理 / 王浩一著. —桂林：广西师范大学出版社，2021.1
ISBN 978-7-5598-3204-7

Ⅰ. ①孤… Ⅱ. ①王… Ⅲ. ①心理学－通俗读物
Ⅳ. ①B84-49

中国版本图书馆 CIP 数据核字（2020）第 170972 号

广西师范大学出版社出版发行
（广西桂林市五里店路 9 号　邮政编码：541004
网址：http://www.bbtpress.com）
出版人：黄轩庄
全国新华书店经销
长沙鸿发印务实业有限公司印刷
（湖南省长沙县黄花镇黄垅村黄花工业园 3 号　邮政编码：410137）
开本：880 mm × 1 240 mm　1/32
印张：6.75　　　字数：105 千字
2021 年 1 月第 1 版　　2021 年 1 月第 1 次印刷
定价：58.00 元

谨以这本书向我们的母亲搂抱，谢谢您的一切！

虽然您已经偶尔忘记了我们的名字。

目录

Contents

推荐序

人，就是一条河

王浩威（作家、精神科医生）

俄国小说家、哲学家列夫·托尔斯泰说：“人，就是一条河。河里的水流到哪里都还是水，这是不存在争议的。但是，河有狭宽、有汹涌平静、有清澈混浊、有冰冷温暖等不同，而人也是一样。”

老子《道德经》二十九章说到，世人的秉性情况各有不同，“或行或随，或歔或吹，或强或羸，或载或隳”。有积极进取或消极被动的，有需要多加鼓励或要被不断抑制的，有要强化它或要弱化它的，有自助助人或自误误人的。

王浩一是我的兄长，对府城小吃和台湾地区的文史都有深入的研究考察，对台湾地区诸多小镇的沿革、风土、自然、作物也十分了解与热爱，并为其作书；多年来，他亦潜心研习《周易》，完成多本著作，透过另一种易理的“潜智慧”与“大历史人物”对话，试图勾勒人类的心灵系谱和心理情境。

我们两兄弟的外婆，以前在南投乡下常常被拜托帮人“收惊”，也就是帮他人平复恐惧惊骇——那不可知的各种心灵力量和世界噪声……

我们笑称这是隔代遗传，这种童年成长的“草蛇灰线”，留下了一些不明显但仍存在的恍惚线索与若有若无的痕迹，应该是我们兄弟成为读心之人的“巫觋基因”吧。

年过六十，“耳顺之年”的浩一完成了《孤独管理》这本书。它对于我们患有失智症（阿尔茨海默病）的母亲来说，充满了理解和温度；对于浩一来说，可以说是他幽微却强大的“自觉”。他在挖掘自己、理解别人、通透历史之后，将此书献给每一位害怕孤独的人。而这本书，可算作是最有鼓舞力量的心灵备忘录了。

自序

当缅栀花[1]盛开的时候

去年夏天，我与刚刚回台湾过暑假的儿子到西门路的园艺花圃买了一株高约两米的缅栀花树，这棵树是要取代已经干枯多时的角茎野牡丹。新树枝干娉婷，叶茂花美，伫立在阳台外一隅，赏心悦目。

随着天气转冷，几波寒流肆虐，缅栀叶子显得零落，简单几笔的树干成了所谓的“鹿角树”的形象，外观索然，与冬季灰白的雾霾天空一样，像是新寡的吉卜赛女人。

2018年1月17日新闻，时任英国首相的特雷莎·梅任命特雷西·克劳奇为“孤独大臣”（Minister of Loneliness）。这则新闻令

---

① 别称鸡蛋花、印度素馨，属夹竹桃科缅栀属植物之一，原产于西印度群岛、中美洲、南美洲及墨西哥，现广泛栽植于热带及亚热带地区。——编者注

人好奇，孤独的人、事、物也可以成立行政部门？关于这一创新的行政命令，其政策源于考克斯孤独基金会在2017年12月提出的报告，超过九百万英国民众表示，他们常常或总是感到孤独。根据维基百科2017年的资料，英国人口有六千五百多万。换言之，英国已有高达13%的国民与孤独为伴。这个隐秘的流行病，已经在退休、分离、死别等不同人生时刻，影响着各个年龄层的人。对太多人而言，孤独是现代生活的悲哀现实。兹事体大的社会问题是“现代生活的悲哀现实”。

考克斯委员会发表声明：“孤独不分长幼，一视同仁。委员会过去一整年获知了新手爸妈、身心障碍人士、看护者、难民所体会的孤独感。”这项声明，指出过去的孤独印象，从孤老、忧郁和焦虑，已经外溢到“无所不在”了。

为何英国要任命孤独大臣？这个新奇的官署，管理的却是古老的心理议题。特雷莎·梅发表了声明：“对太多人来说，孤独是现代生活的悲伤现实。为了我们的社会，以及我们所有人，我希望面对这项挑战并采取行动，处理老者、照顾者、失去至爱者——那些没有人可以与他们谈天或分享想法和经验的人——所承受的孤独。”

英国经典的摇滚乐队披头士有一首歌曲，名叫*Eleanor Rigby*，有人翻译成《看看所有孤独之人》，也被译为《给所有孤独者的歌》。歌词的第一段，描写了一位叫艾莲娜·瑞格比的老妇人，她寄宿在教堂做着清洁工作，没有结过婚，没有家庭，也没有亲人，一个人茕茕孑立。歌曲中她在打扫婚礼后的教堂，捡起掉在地上的米粒，那是传统婚礼后客人们祝福新人时往新人身上抛撒的。这样热闹和欢乐的场面却和艾莲娜·瑞格比无关，她是一个彻底孤独的人：

艾莲娜·瑞格比
拾起教堂里的米粒，婚礼刚结束
她活在梦里
她在窗前等待
脸上挂着存放在门边瓮里的表情[1]
她是为了谁？

Eleanor Rigby picks up the rice
In the church where a wedding has been
Lives in a dream
Waits at the window
Wearing the face that she keeps in a jar by the door
Who is it for?

第二段描写教堂的麦肯锡老神父，虽然他负责管理这间教

---

① 此句另有版本译为“从门旁的坛子里拿出假面戴上”。——编者注

堂，但早已没人来听他传经布道了：

麦肯锡神父

写着没有人听的布道词

没有人来教堂

看他辛勤工作

夜半无人之际缝补破袜

他在意的是什么？

Father McKenzie

Writing the words of a sermon that no one will hear

No one comes near

Look at him working

Darning his socks in the night when there's nobody there

What does he care?

第三段中，两个孤独的人终于相遇了，那是艾莲娜的葬礼。神父埋葬了她，拍了拍手上的尘土，走出了墓园。如同孤独的艾莲娜，他也注定要被人遗忘。歌里披头士哼唱着：

艾莲娜·瑞格比

在教堂安息

孤零零地跟她的名字埋在一起

没有人为她送终

麦肯锡神父，拍拍手上的尘土

慢慢踱离她的坟墓

没有人得到救赎

Eleanor Rigby died in the church

And was buried along with her name

Nobody came

Father McKenzie wiping the dirt

From his hands as he walks from the grave

No one was saved

第四段，则吟唱着每个人都是一座孤岛，而救赎只存在于想象中：

这些孤独的人们

他们来自何方？

这些孤独的人们

他们归向何处？

All the lonely people

Where do they all come from?

All the lonely people

Where do they all belong?

曾经我脑海里闪过一个念头，如果我是那位孤独大臣，该如何挽起袖子，开始做第一件事？可能是先擘画“孤独地图”吧！地图里面有哲学论述、心理分析、社会人道、医疗资源……甚至宗教力量、美学教育。这个孤独的心理工程太浩大了，先盘整所有信息，之后分类，我的策略是“先切分，再逐一击破”。

英国的孤独大臣专责解决孤寂问题，英文Loneliness倾向“寂寞、孤单”的意思，然而中文的孤独却有“深触内在心理世界”的含义。如果我是那位孤独大臣，施政内容应该“寂寞与孤独”兼具。我的“孤独地图”里有青春的孤独、失恋的孤独、中年卡住了的孤独、初老的孤独、失业的孤独、失婚的孤独、退休的孤独、失智前的孤独……也有美学的孤独、艺术的孤独、哲学的孤独、宗教的孤独……

《安妮·霍尔》（*Annie Hall*）是1977年（第50届）奥斯卡最佳影片奖获奖作品，属浪漫喜剧类。自导自演的伍迪·艾伦在影片开始时，说着一则“人性的荒谬”笑话——两个老太太下榻在卡茨基尼山假日酒店，其中一个说道：“这里的食物真难吃。”另一个说：“是啊，而且量还这么少。”

难吃，量又少。接着伍迪·艾伦说出了自己的感慨：“这跟我对人生的看法是一样的，充满了孤独、悲伤、苦难和不幸……而这一切又都结束得太快了。”

所谓“难吃、量又少”的人生，抱怨与诉苦是其中一种态度；不理不睬一切随缘亦可；蒙昧、无知，摸着石头过河也是办法之一；“天行健，君子以自强不息”，积极奋发当然最好。但是，如果事先预览“孤独地图”，然后再踏上人生发现之旅……或许，这也是个有趣的办法，可以学习孤独，喜欢孤独，运用孤独，甚至，可以知道如何寻求他人协助自己处理“将来有一天”的孤独。

今年三月下旬有几天，东南风吹来，顺心和畅，我在阳台发现这株孤寥的缅栀花树，新叶纷纷冒出，鲜绿茂然，枝梢上端甚至多了不少幼嫩待放的花苞，在料峭春风里，欣欣希望又再度滋生。我勤奋地浇水，每每观赏它的时候，总臆测，下个月吧，当杜鹃花开始稀疏，应该就是缅栀盛开的时候了。

依附在摸索中的青春孤独

我常思考古人年轻时会孤独吗？如果会，孤独的滋味如何？

这几天正在备课中，我准备到高中校园谈谈“那些英雄的十七岁”，企图以历史人物“十七岁时，他们在做什么？”为由，在学生人格养成关键的准成熟年纪，漫谈青春这档子事。我想以故事的形态，说说英雄们在这段生命岁月里，思想是如何萌发的，希望引发泛十七岁年轻人的自我内观。在课本里，大家熟知的那些英雄们，历史老师鲜少谈及他们的青春——是意气风发，还是像一般人那样浑浑噩噩？是惨淡愁苦，还是已经锐气万千？

那些正值青春的英雄，他们会孤独吗？

暑假期间，与几位高中辅导老师闲话。因为还在构思这本书的大纲架构，于是，我尝试问道：“现在的高中生会孤独吗？”没有得到正面的具体答案，却说，要想定义年轻人的孤独，不容易啊！

大家聊得开心，当然都是围绕在校园里一些外人难以窥探的“少女八卦”话题，一些惊奇讶然，一些难以想象。我问：“你们女校的女生们会为同一个男生争风吃醋吗？”“不多，倒是常常为了另一个女生而衍生感情争执！”另一位老师向瞪大眼睛的我说明：像是田径队长谁谁谁，高帅甜美，气质佳，家教又好，这时仰慕者完全不遮掩对她的倾心，宛若粉丝看明星的模样。老师向我示范：轻握双拳，拳心相对在鼻下双唇前，瞳孔微微涣散……嗯，这个样子，我常在少女漫画里看到，一个个大小不同的爱心图案，不断从眼睛里飘出……

我以为，“这是美，不是爱”的阶段。

一位老师，指着坐在我身旁的语文女老师说：“她啊，才是全校女生迷恋又倾心的榜样，而且粉丝人数颇多呢！”高挑漂亮，一头飘逸的长发，关关雎鸠，窈窕淑女。我问她：“你怎么面对这些可爱的女生们？她们对你私下议论，甚至因为你发生语言争执时，你会怎么办？”

可是，这些状况称不上我知道的年轻人内心深处的孤独。

高中女生已经开始逐渐疏离家人、挖掘感受了。她们比男生更早成熟，那是源于内心深处的自我需求——无法描述，却又自然萌发的深沉呼喊。一个人会出生两次，第一次是离开母亲的子宫，第二次是离开父母的“思想子宫”，你可以把它当作是“青春反叛期”，这个时期他们正在建立新的价值，建构一个懵懂的世界和自我。

这个过渡时期，就是从童年走向独立人格的渐变，是慢慢地转型。

年轻的“中二病”是一种成长过程，那是孤独人生的初体验

有时候，有人会以“中二病”——青春的过渡期——的一些征兆来说明这个阶段的迷失。“中二病”从字面上解读的话，仿佛是个只有中学二年级才有机会感染的过渡性疾病。正值青春期的学生，为了想要表现而经常做出自以为是的举动，以急于表现自我来获得别人的认同，甚至有想要他人刮目相看的心态，并陶醉在自己的幻想当中。

来看看中二病的“症状检核表”，那是从更早的同辈认同阶段之后，想要比同龄的同伴表现得更不一样，而且在思想、才气上更高人一等。他们刻意不盲从流行，选择小众路线，以显得自己不庸俗，甚至有时会有“反社会”言论。他们深觉只有这样，自己才是与其他凡夫俗子不同的人。

于是，有人开始赞美莫名滋味的黑咖啡，有人说要作词作曲，有人读了两篇社论开始大谈社会是龌龊的，有人对母亲吼叫“请尊重我的隐私权”，有人开始伤感太阳底下没有真正“懂自己”的人……其实，这些都是无伤大雅的举止。只是，当他们在网络发表幼稚言论、刷存在感之际，甚至捏造事情自我吹嘘、认同带有不良风气的表现，觉得那才帅、才潮。可是，他们又大都生性胆小。

“中二病”随着年纪的增长，等到高中时病征就少了，对世界的嘶吼也少了，顶多剩下一些潜藏在心里的东西。那些莫名“向往大人的举止，又鄙弃大人世界”的矛盾言行渐渐退潮。但是，面对自己陌生的生理变化，又产生了新的心理问题，一些说不清楚的情愫往往盘踞心头。这些心情，仍是属于青春反叛期的一部分。有些人的体型、外观已经是大人了，内心却还住着“不适应大人世界的小孩”。他们开始对自己的容貌没有信心，渴望一定强度的友情或是虚无的爱情，与父母相处也开始有挫折感。

他们处在“根与翅膀”之间，拔河；处在舒适与流浪之间，两难。

他们既希望展现自己的不同与不凡，又矛盾地在同龄人中寻找认同。如果有些平日处得很好的人际关系变得疏离，往往视之为挫败，可能会滋生背叛、嫉妒、憎恨、自怜等等以前陌生的情绪。当被人际关系困扰太久，内心的孤寂感除了变得沉重，郁闷也会袭来，一首可以在身体里引发共鸣的歌曲可以整天盘旋在脑海。没有自信的肢体动作，透露他已经陷入空虚困境，那是因为失落感的高度膨胀。有些人则会在热闹欢聚的时光，偶尔萌发一种空虚寂寞的感觉，淡淡幽幽，或是排山倒海而来。“黑暗汪洋中的孤单”是共同的感受……这是青春的孤独！是他们人生的孤独初体验。

他们不懂得求助，自己开始摸索这种空虚感，像黑洞般吞噬过去所熟悉的知觉。如果会向父母师长求助，那些信号也显得细微；他们会增加和朋友同学相处的时间，减少独处，即使浪费时间也无所谓；他们不喜欢家族的聚会，却慌乱地一个人自处，无法平静。这些过程的内心转折，如果有人向他们解释原因，青春的莫名孤独很快也就跨过了。可是，他们常常面对的，是已经忘了初衷的过来人，这些人会画错重点地说教，或是仅仅表示这是太无聊才会有的感觉。

鲜有人会告诉他们，这不是寂寞，这是孤独；孤独，是完美人生非常重要的朋友，那是青春美妙的礼物。更进一步，轻松但是慎重地说：我们要认识孤独，要开始学习“独处的能力”。

什么是寂寞？什么是孤独？孤寂又是什么？

法国作家蒙田曾说：我们必须保留僻室一处，只属于我们自己，能随时进出；那里有真正的自由，我们在那里避隐，也在那里孤独。不要害怕精神或空间上的独处，要学会在亲密关系之外，独自面对学习、思考、创作，与自己的内心世界保持联通。未来，如果要发挥我们最大的潜能，可能就要靠我们内心与孤独相处的能力！这种能力与祷告、冥想一样，都有助于整合与自身不相关的思想和情感，尤其在创作过程中，更能和谐地触摸自己内心的最深处。

美籍犹太裔哲学家汉娜·阿伦特对孤独与寂寞下了清晰的定

义。她认为，孤独是人从事思考的状态，寂寞是没有思考活动存在的孑然状态。我用不同角度诠释两者的分野。

什么是寂寞？我是宫崎骏的粉丝，作品《千与千寻》是我心目中的大师之最。大众对于这部作品的诸多探讨已有共识：宫崎骏想表达大自然与文明社会的对立。人在文明社会中的迷失，只有透过“重新反省与大自然的关系”才可以找回自我。在剧中诸多角色中，我对无脸男的意象最感兴趣，他象征空虚、寂寞，表达着人性畏惧寂寞，渴望温暖，总希望从别人那里得到难得的施舍，但是又怕自己被拒绝而受到伤害，于是戴上面具，厚重，却不堪一击。当得到了一丝温暖，就贪婪地想要更多，甚至占有全部；另一方面，当被别人拒绝后，又很是受伤。

无脸男感觉自己受伤后，开始放纵、堕落，转身去伤害别人。然而，我们知道，所谓空虚、寂寞，是人性最原始需求的“另一面副作用”，是光明背后的阴影，没有好坏与否！

那么孤独呢？从“马斯洛需求理论”开始说吧。亚伯拉罕·马斯洛是二十世纪的社会心理学家、人格理论家、比较心理学家。他把人类需求区分为五个层次，其中有生物性的比较低级的需求，即生理需求；也有随生物进化而逐渐显现的潜能或需求，称为高级需求。我以为寂寞属于生理性的“低级需求”的副作用，而孤独则是化学性的“高级需求”的催化剂。这是为何？

马斯洛把需求分成生理需求、安全需求、社会需求、尊重需求和自我实现需求五类，由较低到较高顺次排布。他的重要观点是：低层次的需求基本得到满足以后，它的激励作用就会降低，其优势地位将不再保持下去；而高层次的需求会进一步取代它，成为推动行为的主要原因。这个论述，得到许多企业高层管理者的认同，甚至衍生成了许多管理学科的学术基础。

我关注的是，马斯洛还认为，在人自我实现的创造性过程中，产生出一种所谓的高峰体验的情感，这个时候人处于最激荡人心的时刻，是人所存在的最高、最完美和最和谐的状态，这时的人拥有一种欣喜若狂、如醉如痴和销魂的感觉。这是顶层自我实现需求的实践时刻，是许多音乐家、舞蹈家、画家等艺术家，或其他需要单独完成作品的创意者，经过孤独创作后，内心激动的美好境界。

关于创作时刻的孤独过程，以现代管理学的口吻去描述：对于一个有“适当工作”的人而言，快乐来自工作，犹如花朵结果前拥有的彩色花瓣，孤独即是自我实现需求前的彩色花瓣。如果探讨“少工作，是否能活得更好？”这个哲学思辨问题，站在“孤独使我思考”前面发问，层级就显得低了些。

我躺在诊疗长椅上，让年长的我遇见年轻的自己

回顾自己的高中、大学时期，总会写着一些长长美美的文字，除了与向往爱情有关的诗句，总习惯性记录着像是无病呻吟

却又令人上瘾的孤独文字。我写的这些东西累积了几年，但是经历了几次搬家迁徙后，纸稿就散失在时间里，久了我也便不再关心它了。

近日因为再度搬家，重新整理了尘封多年的旧纸箱，仔细检查了箱里的杂物，开心地寻获了一些当年青春时所写的文稿和笔记，纸面泛黄，字迹工整。八月长假，夏日午睡后，我煮了一杯咖啡，仔细读着那时的暧昧心情，重新观看年轻时的我。

有一本沉沉的笔记，以日记形式书写着我每天的内心世界。时间从1981年5月14日开始，写当天看了张杰的绘荷，也记录了与朋友当天的一些活动，日记里说，这是离开台南，临行前的少年游……嗯，想起来了，这是游学台南的大学生活即将结束，我将北上的前夕。

37年后，花甲年纪的我再次观看当时半诗半文的随笔文字，尽管会被自己当时使用的那些乘凌虚无的词汇吓到，但是，我又深深觉得自己是幸福的。少数人可以像我，在多年后的下午，独酌咖啡，悠悠闲闲读着当年青春自恋的孤独文字。恋人的情诗是欲望的眼，自恋的散文则是孤独的心。

这本笔记，前后写了一年又几个月，前往台北开始找工作之际，仍然持续着这个习惯。1981年，是我职场生涯的开始年，那一年刚好《天下杂志》创刊，杂志将其定义为“那是个在政治上风雨飘摇，经济上却快速起飞的年代”。是啊，那是个还没有传真机、计算机、手机和网络的年代。求职的信息只能从日报的广告栏搜寻，然后虔诚地寄出手写的自我介绍与履历表，之后，就是等待与祷告先祖了。

我摘抄其中五篇当年求职时的年轻文字，自言自语，那是自己正在等待一个可以起飞的基石，随兴随笔，却是无声的孤独。

1981年10月9日应征贸易公司岗位

今天来面试。在复兴南路有许多厚嘴唇的上班妇女，她们用能想象到的色彩，在上下唇面上争艳着。寄了履历表后的秋日，她们通知我来此。在密实的门外稍候片刻，我的内心幽幽地知道，已经靠近跑道终点了，如果能越过最后的一个关卡，我试着想象美好：如果……这将是另辟生命新阶段光荣的开始。于是，等待中的我，努力堆砌着天真的微笑，也继续警戒四周，没有目的地望着带有寒意的办公室风景。

我来应征一份工作，在一栋金碧辉煌的大厦，四壁间，种植着无数眼睛。五分钟，十分钟……我在沙发上静静等待，等待她们在世界尽头呼唤我的名字。我尽可能想象，却也不敢多想，一只脚安稳站在无花果上，另一只脚在河里挣扎……只想着，在这里所听到的许多职场专用术语，开始有了结论：我年轻的诗是嫌旧了的，是没有存在意义的虚言。在之后的面试中，我像极了一只啄木鸟，只应和着啄树的声音，自己的表达却哑了下去。

1981年10月10日与父亲谈求职之事

整天在家，父亲问我工作找得怎么样了。哎，他终究还是问了这句话，我有时说笑，有时斜倚着，假装很是忧虑。马克·吐温说，关于天堂与地狱不便下定义，你知道，那两边我都有朋友。于是，关于父子之间的“战争与和平”，只是一阵微微的响动。今年的秋天是多么寂寞啊，一只离群的候鸟，晕眩在烟囱与烟囱之间。在南方，果子都已成熟；在北方，我的眉间却霜雪纷飞。

1981年10月12日在复兴南路复试

提前很多时间出门，我要去复试了。复兴南路形形色色的招牌，它们的眼神，总容易让人联想到那是蛋白流质之外的薄壳，轻掷，却是巨大的崩溃……于是，我小心翼翼地呵护着那种易碎。为了迈向成功……我想，如果灵魂必藏身在木马的腹中，准备去特洛伊，我必如车轮般滚滚挺进。

1981年10月13日在等待之间

等待电话通知，没有消息，我非常焦虑。今天，我虔诚地等待结果，一端是有限的生命盼望，另一端是无尽的未知与虚空。今天不外出，我待在家里，将足音踩住，等待着电话这一端的铃声，等待着远处另一条街传来的呼唤。我虔诚地祷告，一如普罗米修斯的火，那是神话里所说的不朽。电话仍然不响，听筒的那一端大雪纷飞，这一端我的双耳冻僵。昨夜不眠，今夜，我依然等待。

1981年10月14日消息来了

似乎是永远地等待。我说，我是被囚禁在瓶里的巨灵，千年来在海底读着自己命运的掌纹，千年来稚弱地忍受着狂乱洋流，也容许深水里那些鱼族簇拥在我的半径。但是，我总忍不住抬头，仰望蓝天，也等待有一天某人拔开瓶塞，我要许他三个愿望。电话响了，消息来了。心情像是少年的相思，心愿已遂，我要折一张大大的荷叶，包一片月光去赴约。这个消息，让我穿越了细细瓶颈，轰然现身，硕大身影是天山的坐姿！我要去上班了。明天。

我用“封笔戒诗”的仪式，告别我的青春孤独

我青春时孤独的书写状态，终止于1982年8月23日（中元节），那时我已经工作了十个月，还不满一年。告别作是一首诗，也是我青春孤独的最终篇，之后，我就要戒诗了。相对于别人，我属于心智晚熟型，许多想法，都是久久之后才能察觉。当有意识地自我结束青春孤独时，已算是迟到了。

面对上班这件事，我同意卢梭所说：“劳动是社会中每个人不可避免的义务。”《穿普拉达的女王》这部电影中则说：“当你的工作开始危及私生活时，表示你的工作顺利；等到你的生活全毁时，表示你将升迁。”我的工作已经进入顺利的状态，我即将结束我的青春孤独，不再写诗成了我的宣言。我该更认真地投入工作了，专心当个力争上游的上班族。“封笔”这个仪式之后，青春孤独将成为被忘掉的记忆。

2017年8月，七夕前（也是中元节前夕），啜饮咖啡，意识游走于这本笔记的字里行间，泛黄的纸上诗意流转，似曾相识。从第一份工作到退休岁月，幽幽地想起了当年戒诗封笔这件旧事，似乎35年前的余温仍在。如今，我已从职场退休一年多，静心重读这些文字，稍稍明白了那些岁月喃喃自语的困境，也看清了我的青春孤独是如何消逝的。能重新阅读自己年轻时所写的诗句，真好啊！当年，我是这样跟自恋的青春孤独说再见的：

今夜普度，众鬼喧闹

落花如坠石

我的笔在干涩之后

情书成了来访的模糊灵魅

门神表情森森

荆轲按剑，樊哙拥盾

许多深邃的文辞，开始被拒门外

江郎，如求职的老人

恋语沉睡，青春不再写诗

墨已成泥，笔花从此禁锢

微妙的押韵心情，只剩是骈体文字了

跨越了这番门槛，以后只能出门寻找记忆

年轻的恋，曾经如何的清风出袖明月入怀

素植芭蕉万株，我一度在阔叶上相思

白玉净衣起歌，月影动人

千年来最美丽的雪鹤，已经路过，远杳

今天起，停止一切诗的孤独

现在起，不再梦游心情配色

开始改在信札起头写：敬启者如晤

我想，我该换笔了

我好奇别人的青春孤独，他们是如何活过来的？

能够重新审视自己年轻时的孤独心情，我是幸运的；能够阅读35年前的孤独文字，我是富足的。这么多年来，我不敢说自己过尽千帆，但确实看过不少风雨，午后咖啡之后，我好奇别人的青春孤独。

作家刘同在《谁的青春不迷茫》里说：一个人，十年光阴；一座城，瞬息万变。引言里写：青春不是一个年纪，而是一种状态，你觉得孤独就对了，你觉得无助就对了，你觉得迷茫就对了，谁的青春不迷茫？我喜欢迷茫这个字眼，没有头绪，没有方向，每个人都有自己"青春的五里雾"，模模糊糊，不知所从。对于不惑、不动心的澄清，都是四十岁之后的事了，即使像是苏东坡那般天才的人生，也是四十岁之后，才开始摆脱迷离恍惚。

Facebook的"南瓜妮歌迷俱乐部"粉丝页，贴着一篇关于青春孤独的小文：青春悸动的时光里，我们总被孤独、流浪、迷失和坠落等字句迷惑着，也不止一次地在这循环里打转。身在其中时以为它很复杂，沉迷于那些混浊颜色的粗糙美感；等到它们过去，回过头才认清楚，那些回忆，原来每一个都透着奇特、透明的光，像是一颗颗铆钉，默默一路被钉在心里，在很少的夜晚里，才摸得出那一颗颗的纹路。于是，你在黑暗中曼舞。

这一段关于孤独的文字，文青才写得出，他们似乎已经理解什么是孤独，但是依旧沉溺在“孤独美”里。文字里，我察觉到自己有些许的年轻任性，说着那些看似已经平和、心静的理性，却又有把孤独反锁在另一个房间的感性。好像自己在骄傲地说：孤独，才能看出一个人的品位。

作家郭敬明在《小时代》里说到了青春孤独，他质疑：“是青春的底蕴就是孤独，抑或是孤独弥漫了整个青春？”我在咀嚼这个孤独自问的字句之际，也想起诸葛孔明在《诫子书》家训里借用《淮南子·主术训》所说的：“非淡泊无以明志，非宁静无以致远。”后人将它浓缩为“淡泊明志，宁静致远”，这八个字曾在我的中年岁月，张贴在我计算机的屏幕旁，借以告诫自己守静，不骚动，不要孤独。期许自己在沉默中前进，把孤独留给青春即可。

我也阅读作家陈文茜所分享的文字，关于青春孤独，她在《最贫穷的青春是怠慢！》说道：“在已错过青春的人眼里，青春是无限的可能；在困守于青春、茫然愤怒的人眼里，青春是一种缺陷。人们初次品尝青春滋味，并不知道只要抱持幻想，贫穷的滋味也是甜的；而永远离别青春后，对青春的渴望、遗憾、追念……那个滋味，即使坐拥财富，还是苦的。”我也想对正在经历青春孤独的人说这些话，如果你也青春，如果你也孤独，那就恣意享受这味人生特有的酸甜吧，然后把它放置在“时光胶囊”里，深埋十年、二十年、三十年……所有的陈年美酒都是这样酿制的。

你的青春，曾经孤独吗？

独酌的女子

从那一夜的《男女纠察队》说起——独酌女子的笑语与泪

迷失比想象中容易。

在爱情海里，一个人若不知道他要航向哪个港口，则没有任何一道风会是顺风。

星期六晚上，我一个人在家看电视，换台时换到了日本节目频道，那时正在播放《男女纠察队》，这是朝日电视台的招牌综艺节目，首席主持人是田村淳，节目中大家喜欢称他为小淳。这个节目主要讨论男女恋情的话题，其辛辣内容和毫不留情互揭伤疤的方式，常常让来宾招架不住，甚至一些道德评比协议会将其选为“最不适合给小孩看的节目”第一名。

如果你是第一次观看节目，或许会自忖需要这样不留情面、难堪地深入每个人的窘境吗？久之，你会发现，残忍的探究，是爬梳最复杂的爱情欲望唯一的一把钥匙。这个节目有时让人觉得鄙俗不雅，有时让人爱恨交加，有时让人笑中有泪，有时让人深思反省。

电视里，主持人小淳拿着麦克风，在东京街头采访，问街头巷尾的路人，为何独酌女子剧增？他要在深夜的居酒屋进行调查，这些女子到底为什么独酌？节目中，借着对方微醺，小淳用温柔的话术，开始面对毫无保留地谈论过去恋情的女子们，挖掘她们泪水背后的伤心旧事。小淳甚至还把前男友叫来，三个人一起对话为何分手。话题犀利，情感悲悯，我顿时有一种“观棋者清”的跳脱与唏嘘。

从透明玻璃窗看酒吧里面，如有落单的女子，小淳会半开大门问她：“一个人独酌？可以接受访问吗？”当这位女子发现对方是小淳，多半会开心地同意。这时，小淳会转身问酒吧里正在调酒的店主人：“我们可以进来访问吗？”

面对眼前独酌的女子，小淳多是先问“已经喝了几杯？”，或是“你喝的是什么酒？”受访的女子往往已经几杯下肚，微醺轻茫，笑点降低，和小淳聊得开心，甚至不设防地和盘托出自己一个人来的理由。“不是为了放纵，但是如果顺眼也可以……”小淳在节目里访谈了六七位年轻、大方、不羞赧也不扭捏的上班女子，她们讲述着不同的故事，却拥有一样的结局。

问到逝去的爱情，这些女子也能侃侃而谈当时分手的过程与不解，爱情的余温与渴望。说话的时候，她们总是轻轻弯起食指的第二关节拭去眼角的泪水。我在看这个节目的时候，大笑，也低回。一边看着电视，一边顺手拾起一旁的笔记簿，写下：

冷枞般的睫毛，偃卧在威士忌气泡酒里
笑语里，有一道小溪悄然流过深邃的瞳
浮动着不忍回顾的红霞
隐藏年轻的秋天
等待谄媚的月色酒意

独步，有叹息从影子中走了出来
独居，有空悬的灯和爱静的帐篷相恋
独旅，宛如猎人屏息地张望和巡狩
独食，水声空旷，却是无味
独眠，枕头则成了心灵停靠的港湾

有过爱情的她
在旧街的酒坊寻找情歌的主人
卸了红妆的长长粉颈，端庄，张望
却像奔走在沙土的脚印，下一阵风
那些有名字的故事就忘了
曾经的旋律，留给窃窃私语的其他女子
和孤独椅子的余温

我的酒意也有诗人的心情
只是不忍独酌女子

她的憔悴瞋怨与泪痕

酒来了，不醉的人是睡不着的寂寞

再来一杯吧

越过山林莽原就是明天了

在我家阳台上，一株芒果树的故事

我在台北工作时，习惯去一家百货公司的日式发廊，店长是一位来自台南的美丽女子，土亲人亲，剪发之际，我和她总有共同话题。有一次，我送了她刚出版的《当老树在说话》，里面写了二十二株台南老树的故事，希望让她在台北也可以感受家乡老树的郁郁葱葱。

等到我之后再去剪发时，她跟我说："我也有关于一棵树的故事，在永和家的阳台。"那是一棵长得营养不良的芒果树。说起这棵寻常果树的特别之处，是她先生栽种的……生前。他的先生吃完了芒果将籽随便丢弃在盆栽里，偶然长成。

生前，是的，你没看错，她丧夫已经两年多了，二人育有两个男孩，弟弟三岁多，哥哥快六岁了。所以，这棵树是她与去世的丈夫之间的联结之一，每次夜班回家，在阳台独处的时候，这棵树便成了她内心的抚慰。而在台南乡下种芒果的老母亲，常常北上帮她看护两个外孙。母亲没有读过书，就是乡下果园长出来的农妇，平凡，但是生命力强盛。

她说有一天，夜班结束，回家时已经很晚，孩子都睡了。倒了一杯红酒，她又到阳台吹风，蓦然发现那株芒果树被拔起，丢弃在地上已经好几天，完全枯死了。她惊慌又生气地质问母亲："树是你拔的？"答案是肯定的，理由是这棵果树长得又丑又小，台南老家里有很多好看的芒果树，下次带一株来种。母女两人大吵一架，第二天清晨，母亲悄然负气回台南山上去了……她一边为我剪着发，一边轻柔地对我诉说着芒果树的故事。事情已经过了半年，母女也已经和解，只是两人不再谈这件事了。

她缓缓地说着旧事，面带微笑，我隐隐地替她义愤填膺。

过了一个月，再去剪发，我又同她说起上次提到的芒果树的故事。那天我反刍了整件事，发现事有蹊跷。我建议她这两天问问母亲，把这棵树拔掉的动机是不是她不舍得女儿继续单身，应该再有第二春？她的母亲是乡下人，不擅长讲人生道理；母亲同时也是一位寡妇，早年丧夫，独自辛苦拉扯他们姐弟二人。在那个年代，乡下邻里对丧夫的女人是残酷的，不管是主观理由还是客观条件，她吃的苦一定很难言说。而今，她看到自己的女儿又走上了她刻骨铭心的哀伤道路，她不舍，可是她不会表达！

"把树拔掉，母亲天真地以为这样就可以拔掉你对先生的想念！"我是这么猜的。

事情的真相究竟是什么，我实在好奇。索性这次提早预约剪发，也得到了结果。“真的，就像是你推理的那样，我母亲跟我说不要像她孤独一辈子。”

关于婚姻汪洋，她们勇敢地纵身一跃而下

有一次与朋友聚会，其中一位在房屋中介业多年，我问他，如今经济不景气，中介业应该不好做吧。他却回答“不会啊！现在很多中年夫妻离婚，他们要处理共同的房子，又要买个比较小的房子，所以我的工作很忙啊！”婚姻世界像是一座城，结婚进城的、离婚出城的男男女女都焦虑。结婚与不婚，跟幸福没有直接关系，跟孤独也没有直接关系，这是大家都知道的知识、共识。关于婚姻，大家也知道应该敞开心扉，“但是我该怎么做？”

许多人因为害怕独处，没有足够思虑，也没有心理建设，他们凭着感觉走进婚姻，谈不上无奈，却对浪漫婚姻生活过度期许，于是他们的故事虽然不同，但是结局却极为相似。美国有一档真人秀电视节目*Married at First Sight*，被译为“一见面就结婚”，是现代版的“盲婚哑嫁”。节目单位积极地配对撮合，新人们第一次见面的地方，就是之后结婚的婚礼现场。这些结婚仪式具有法律效力，参与节目的性学家、社会学家、心理学者都说这是一场极端的社会实验。

参加节目的报名者，年龄均在26～33岁之间，节目组根据几

百位报名者的基本资料挑选出六位，配对成三对新人。节目中的性学家表示："这个实验是为了确定社会科学是否能在婚姻中发挥作用。"节目组将在两人结婚后的前几个星期，跟踪拍摄这几对新人的新婚生活，六个月后如果新人决定离婚，节目组将承担离婚诉讼的费用。可以想象在节目里被配对的两人状况百出，有喜剧，但是不乏悲剧，甚至有新人私下说："我要结婚了，和一个我完全不认识的人，我刚刚做出了这辈子最糟糕的一个决定。"

有一个女生解释她为何要参加这样的活动，她说自己过去一直努力寻找另一半，但每次都以失败告终。她觉得很多人只是玩玩而已，很难找到一个认真对待感情的人，于是她决定冒险一试，参加这个节目。我们很难站在道德的层面去评判他们盲婚哑嫁的行为，所以只能予以祝福。

在家暴社会新闻中也可以看到婚姻失败的例子。一名男子走进一位名叫布兰黛的女子的生命中，虽然他本人与布兰黛理想中伴侣的样子完全不同，但她还是决定与他约会，"因为，太孤单了"。不久两人就结婚了。婚后，丈夫仍然对她很好，不论家务事，还是照顾孩子，他都会帮忙。然而在结婚一周年的前夕，一切都变了调。"事情发生得非常突然。婚前把我宠得像公主，婚后却痛殴我。"这只是无数家暴社会新闻中的一则，"乌青公主"只是一个小例子而已。

爱情是很崇高的，需要被歌颂，但是，婚姻生活中的种种问题，却需要严肃以待。歌手刘若英在宣传她的著作《我敢在你怀里孤独》期间，与精神科医生兼作家的王浩威在《天下杂志》有一段精彩的对谈，话题有关家与家人、父母角色、学习孤独，同时也谈到了“独处必然性”。访谈中，王医生针对“自处与相处”这个话题发表了一段见解，以呼应刘若英的新书。这段话对勇敢泅泳在婚姻海洋的女子来说，也值得深思：

> 这是英国心理学家唐纳德·温尼科特说的，他认为完美的相处关系是“窝在爱人怀里孤独”。这是说，刚开始恋爱的情人总有说不完的话，但时间长了，总会走到无话可说的片刻。有些人碰到这种状况就会感到紧张与不安，生怕两个人的关系无法继续。但真正成熟美好的关系是，即使两个人暂时无话可说也无所谓，相对无言，就暂时沉默，可以静静地躺在对方的怀里孤独，这是彼此相处、互相信任的极致表现，也是最高境界。

从柴门文的作品，开始思考人生走到一半时，该做什么改变？

我很喜欢日本女漫画家柴门文的作品。她创作的《Age，35》，以三十五岁这个年龄为基础，深刻描写了“中年前期恐慌症候群”，故事里有婚姻的检视，有外遇的情节。柴门文摒弃一般人对外遇的刻板印象和道德枷锁，深入挖掘人性的弱点、婚姻的本质以及爱情与婚姻的关系。书本封面的设计，是半透明带灰色的淡淡孤独色调。

《Age，35》的主角和主题不再是青涩的年轻人和他们的爱情哲学，而是有关于深谙事理的成年人的故事。书中主角是岛田英志和朱美这对夫妻，二人有一对龙凤双胞胎。婚姻持续了平静无波的十年，夫妻二人对于“婚姻里的孤独”的胶着状态有了新的体会。站在三十五岁这个年龄的分界线上，彼此内心对爱情、梦想有了重新燃烧的渴望，但是两人却有着截然不同的方向。

三十五岁，是作者设定的面对一半人生的年纪，好像可以改变，但又害怕因改变而失去很多。很多人过了这个年纪，就有极大的概率选择认命。三十五岁，等于过了人生的一半，因此柴门文说“这是最后重新开始的机会”。书本里，她也提道：“如果一个三十五岁的女子开始置产，那就代表她已经有一辈子单身的打算了。”

现在是晚熟时代，人们越来越长寿，所以我会把人生的一半设定在四十岁。孔子说“四十不惑”，孟子说“四十不动心”，而我认为“四十岁是重新格式化的好机会”，需要重新启动、重新设定。

我早已过了四十岁，跨过了人生前后半场的分界线，下半场也过了大半。《Age，35》于1997年出版，我初看这本书的时候，刚过四十岁，内心深处仍有一副看不到的道德枷锁，心得是婚姻这门功课，有些触目惊心，所以当年阅读《Age，35》时对于作者想要告知的主题似懂非懂。现在六十岁了，我重新阅读这本书，多了对婚姻的理解与悲悯，也多了我自己对“余命”的思考与谨慎。

站在由岁月垫高的生命之墙上，向下俯瞰众生与自己的过去，思虑也清澈了许多。当然，也多了对年过四十单身女子的独酌、独居、独旅、独食、独眠等行为的理解与想象。水能喝但不能燃烧，石油能燃烧但不能喝。人生真矛盾，单身的日子自由、单纯，可是漫漫长夜却需要独自度过。

公主与王子的童话故事，总是有一个大团圆的结局，他们从此永远过着幸福快乐的日子。长大以后，大家都知道“从此永远”就是童话，听听就好。真正的生活，是在“从此”之后开始的。现代女性如果在四十岁之后依然未婚，通常就是决定要单身了，对爱情也决定绝食了。她们开始不那么认真存钱，总是为自己的消费找许多理由，显得理直气壮。如果，她们是更认真地存钱，则是开始对未来的老年生活进行“灾难管控”了。性别不是问题的核心，年纪也不是，我想心态才是!

朋友曾经问我：“落日与夕阳有何不同？”我不解。他告诉我，落日是一个人看的，夕阳却是两个人一起欣赏的。这个答案真好。独酌是一个姿态，也是一种心态；独身是一种选择，也是一种信念。我长期关注她们，也多了几分理解与省思。

多年的职场生涯，我结识了很多优秀的四十岁以上的女性，她们工作的领域深入到社会的各个角落，书店、电台、电视公司、出版社、高校以及创意公司……她们每个人都能够独当一面，企划制作、文字工作、编辑创意、市场营销、教育训练等等。她们干练，多是未婚，或是已经不再执着于要嫁人了。我与她们小聊对于婚姻的心态，感觉多数女性朋友的心声是“终究就放弃吧！”除了工作忙碌，其中最主要的原因就是在工作领域里，她们已经经历了“过尽千帆皆不是”，在职场中来来去去，遇见的那些优秀的男人，都是别人家的。至于身边年龄相当的单身男性，相对显得幼稚一些。再三想想，算了，学会孤独，终生独身又有何妨?

从宜家家居到独居时代，那是我们的生活新选择

2015年，日本统计的选择“终生独身”的人数创下历史新高，数据显示五十岁世代中，男性有四分之一未婚，女性有七分之一未婚。越来越多的人抗拒婚姻，理由一，生活方式更多元；理由二，低薪、不稳定的工作变多。其中第二个理由占比40%（1980年，该理由仅占20%，二十几年过去这一占比呈明显的上升趋势），这也接近台湾地区单身人士占比逐年上升的现状。

中国台湾的现状是，2016年，30～44岁适婚年龄却未婚的人口接近200万。台湾这个年龄段的人口一共有570万，换言之，有35%未婚。

我在文创公司曾与一位女同事闲谈，询问她硕士论文的题目，她说她写的是“IKEA进驻中国台湾之后，女性独立意识高涨所引发的独居生活形态革命”之类的选题，当时我吓了一跳，直觉这个研究好有趣！便请她简单描述内容。

IKEA，在台湾地区也被称为宜家家居，品牌自1994年引进，以型录及体验式营销创造商机，让消费者通过情境式摆设与图片，可以DIY自己的家居。想想，那是二十多年前的事，当时很多人对自己的家乡——不管是粗野的乡间还是宽敞的城市——都会感到窘迫，于是以省钱为由，不讲究室内设计，乱中有序，当是习惯；只在乎那是否为一处容身之所，哪管杂乱与否，对周身环境早已麻痹。当宜家的情境图片出现在每个人的视野里，许多经济条件宽裕的上班女性才惊觉，原来可以轻易拥有照片里那清爽而方便的家居摆设。要改变自己住所的环境，不易；等嫁人，又不知猴年马月；搬出去，一个人住，则简单多了！在外地租个小房间，自己即刻可以拥有杂志上的家居情境，于是她们独立了，同时拥有了天堂。

纽约大学社会学教授艾瑞克·克林南博格于2012年写下《独居时代》（*Going solo: The Extraordinary Rise and Surprising Appeal of Living Alone*），这本书里，他写到全球崛起的新风潮：独居。独居带来的新的生活方式，正在改变我们的世界。他列出独居者大幅崛起的相关数据：①十年内，全球独居人口将增加33%；②美国有七分之一的独居人口，大多集中于城市；③全球独居比例最高的四个国家分别是瑞典、挪威、芬兰、丹麦（有40%～50%的家庭独居）；④传统社交生活以家庭为基础的国家，如日本，约有30%的家庭独居；⑤德国、法国、英国独居比例高于美国；⑥独居家庭增加最快的国家为中国、印度和巴西。

至于中国台湾，根据相关机构于2017年3月26日公布的资料显示，2016年“一人户”暴增为2676万户（十年前，这一数据为223万户。与去年相比，增加了7万）。结论：台湾已经进入独居时代。统计也显示，独居不再是年轻人的专利或人生过渡阶段，也蔓延到了中年和高龄族群。上述提到的数据是由“户政事务所”的资料汇集统计而得，而若要去统计真实的独居世界，该数字一定远大于所公布的。独居，确实是趋势。

现在的快递业务、3C产品[①]以及WiFi，让生活更方便了。每个独居的空间，都是一座孤岛，自由，隐秘，遗世而独立，同时却又享有与世界联结的便捷。能好好享受独处，我又何必一定要嫁？德国哲学家保罗·田立克曾说：“语言创造出‘寂寞’这个词，借以表达单身的痛苦；而语言也创造出‘孤独’这个词，来表达单身的荣耀。”

---

① 计算机类、通信类和消费类电子产品三者的统称，亦称“信息家电”。例如平板电脑、手机或数字音频播放器等。——编者注

黑色孤独与白色孤独，独酌酒馆与个性咖啡馆

拥有一座独立的岛屿，图个清静。可是她为何忍不住孤独了起来？下班后，她不急着回家，独自往城市深巷的酒馆走去。

近日阅读着日本达人Chez Kuo写的《东京咖啡选：走访都内15区特色咖啡馆》，封面文案是“给女性的日本咖啡地图”，还有他新近出版的《咖啡关西》。关西地区有京都、大阪和神户。不同于东京追求快速与时尚，京阪神地区的咖啡小馆，多了些和风传统的韵味，这不仅显现出整个城市景观所散发出的氛围，亦蕴藏在街道上的闲适风味里。书里的图片与文字，确实触动了我曾经游走于关西几个城市的回忆。

作者在“京都河原町”[①]这一章节里，对前去造访的几家咖啡店家，各有一句简述：里巷中的醇香殿堂、电影与艺术双重加持、当地美味的细腻浪漫、华丽西洋古董风味、昭和靛蓝浪漫空间、发迹市集的绅装职人……我们在台湾地区的各个城市旅行，也常常发现令人惊艳的咖啡馆，有老店，更多是近几年开的新店。除了享受醇苦的咖啡，也会配上些甜点缓和一下味蕾，重要的是让时间停歇片刻。来咖啡馆喝杯咖啡已是现代人的休闲方

---

① 河原町，京都最繁华的街道“四条大街”的中心地带，也是京都的主要购物区。隔着鸭川，与祇园遥遥相对。——编者注

式，闹中取静，弱水三千只取一瓢饮，咖啡馆是个优雅的心灵充电站。

我认识几个文字工作者，她们总习惯在街坊巷弄里，独自长坐在个性咖啡馆安静的角落，浸泡在咖啡香气中，阅读或是书写。她们说，即使有时店内人声喧闹，但是安身在角落座位，却更有荒寂的美感，可以让内心的专注度找到另一个旋律。确实，我在旅游途中，每每闲步城市景点，游走老街巷弄，总喜欢观察在某个店家大片玻璃窗后，安坐在苍翠植栽旁的独身女性。她们长发掩着侧脸，安闲自在饮啜着咖啡，玻璃窗偶有阳光穿透树梢，闪亮灿灿。

对我而言，那是一道美丽的城市风景。对她们来说，我猜，那是独属于她们自己恬静、舒适又优雅的片段时光——一方静谧天地，拥有幸福、完美的小时间。

一个女子独酌的咖啡馆，或在爽朗的午后，或在微雨的寒冬，或在潋滟的春天，它都是安顿灵魂的美好世界。而且，可以暂时沉浸在自己的世界里，与书相伴……这个画面，真是美好。

我有时觉得，深夜独酌的女性感受的是“黑色孤独”，午后独酌的女性则是贪恋“白色孤独”，黑白两者都是人生，都是选择。未来，在台湾地区专属于女性独酌的酒势必受欢迎，在恒春、垦丁、台南、花莲、池上、台东、日月潭这些城市都会看到……若是给女性一张台湾地区几大城市的“咖啡地图”之后，她们在酒馆独酌的故事可能会更多。

在台南车站买张到青岛的票

从老人遇见失智说起，一趟孤独老人之旅的开始

《在台南车站买张到青岛的票》这篇文章不长，却很吸引我。里面有几个关键元素：老兵、台南、青岛、失智和大时代。文章刊登在2016年11月9日的《联合报》“健康你我他”专栏里，作者梁蓉丽举重若轻地描述着有关她父亲失智的一些大小事。她在第一段开头是这么说的：“军医出身的父亲，身体一向硬朗，无任何慢性病。开放大陆探亲之初，曾兴致勃勃，整装返乡，那年他八十一岁。”

失智，真让人惊悚。以前选择回避这个议题，偶尔在几部电影里探讨这个议题时，仍有些感伤与退却，我提醒自己，转而刻意去专注其他事情，以闪躲悲伤情绪。

近年来，我与一些朋友聊天，感觉已经回避不了这个话题，甚至需要仔细长谈。因为他们的父母与我的母亲已经身处失智的漩涡里，大家交换着他们日常生活的小事，总是笑语中泪眼婆娑。丁酉年春节，母亲到台南与我同住五天，第四天的早上，她

起床后来到我的书房，很温柔又客气地问我："先生，您贵姓大名？"她一时忘了我是她的儿子，当我是一时想不起来的最熟悉的陌生人。我笑着轻轻地回答她说："妈，我是你儿子，浩一！"面带微笑，内心却已是惊心动魄的痛苦，那时我内心复杂地想：这一天就这么到了吗？

所以，我对文章里的哀痛深有感触，作者说着一段九十三岁老父亲到台南车站的往事。

> 最后这几年，父亲思绪回到童年，他自幼丧母，由祖母一手带大，祖孙情深，好几次吵着要回家看祖母。弟弟带他到火车站，售票员问："到哪里？"他答："到青岛！""没有到青岛的票，再想想要到哪里？""到台南！""这里就是台南。"

在摸索与适应母亲记忆力渐渐变差的过程中，我记得有几次跟她的相处，母子闲聊杂事，我总是先进行心理建设，因为我知道一会儿母亲一定又会把以前的旧事全部再说一遍，甚至好几遍。我自我告诫要有耐心，而且是非常有耐心地倾听……事实上，有几次我的耐心堤防还是崩塌了，没忍住跟她说："这个，你已经说了好几次了！"微微动气的语调，有些无情。母亲此时别过头去，轻轻拭泪，看到她的举动，我的心都碎了……真不孝啊，我千刀万刀地自责！

（写这一段文字的时候，我依然忍不住流泪。）

三年多来，我们家人对母亲的失智症情况，从有一些隐隐的察觉开始，渐渐发现她的记忆力显著变差，甚至到了三分钟前才刚刚提及的事，她又浑然不觉地说了一遍……接着时间感与空间感的认知也开始出错，竟在八月的某一天，问我什么时候要清明扫墓？身居台北的她认知却在童年的老家。这些偶尔出现的、令家人讶然的时空错置状况，颇像是《在台南车站买张到青岛的票》的故事。当母亲刚开始出现这种状况时，我不解、错愕，甚至难过。久之，家人们也习惯了这种鲑鱼似的返乡记忆，越是久远的事，似乎越是记得住，才刚发生的行为，她却都忘了。

就像是一部老旧计算机的内存，大部分已经坏损，仅剩下极小部分留有一些库存的老档案。每天的记忆运作，只靠着一只已使用不堪的随身碟，内存极小，新档案不断覆盖，不断地覆盖过去，无法转存到主机，自身能使用的容量也远远不足，所以只能不断地忘记：忘记是不是已经吃过药了；忘记是不是已经吃过饭了；忘记谁来探视过她；忘记压岁钱藏到哪里了；忘记今年的端午（她今年总共过了三次端午）；忘记昨晚因血压过高昏倒，救护车来送她到医院住了一晚。

她似乎察觉到了自己的健忘，又似乎任性地忘记一切。我观察这一路走来的母亲，渐渐从与她相处的时间里发现最困扰她的，是自尊与孤独。母亲不断说着她一辈子最骄傲的事、最得意的事或是最快乐的少女时光，恣意地从记忆幽谷里重复地倒带，在荣光事迹的重温与回顾中，有感叹、有唏嘘，她也不自觉地讨厌黑色、晚上、寂静。

我常常向母亲提及，在旅行或是采访时遇见的一些在小镇生活得很好的老人的故事，以此来鼓励她。我说他们的年纪都比你大，但是他们依然快乐地劳动：像是市场卖酸菜的阿嬷，乡间雕刻石猴的阿公，竹东开往关西公交车上的快乐的买菜老人，等等。

2017年7月，根据台湾地区相关部门的统计数据显示，台湾六十五岁以上人口已达319万，其中年纪超过六十五岁的老人，每13人中就有1名失智症患者，而八十岁以上的老人每5人中就会有1名失智。再根据台湾失智症协会报告，2016年台湾失智症人口为26万，约每100人中就有1人罹患失智症。再过二十五年，失智人口将增加到67万人，约每100人中就有3人失智。这是极为棘手的社会问题，你我都将面对。

独居老人与他的孤独死——社会问题的探讨与省思

台湾地区的老人越来越多，失智症患者将持续增加，所有社会学者都在提醒大家应及早准备，为家里的长辈，也为将来的自己。当然，我也关注另一个被更广泛讨论的老人议题：孤独老人。这个隐秘的社会问题，已经浮现许久了。现在全世界都在面临这个问题。

孤独老人有两种定义，一是与家人同住，内心却孤独的老人；二是现在独居，未来孤独死的老人。先来谈谈独居老人吧！他们并非时下一些拥有青壮年生产力的进步国家所倡议的："独居不再等于孤独，而是我们的生活新选择！"这句话带有一点浪漫时髦的宣示，也带有"一个人住，因为我可以"的勇敢。

先来说说日本的孤独老人吧。日本的高龄化社会存在许多隐忧，据相关部门统计，2015年，日本的独居老人多达600万。而年纪渐长的独居老人，因为自尊心不愿向社区求救，他们或是在家中意外而亡，或是因心脏病突发无法及时向外界求救而死亡，日本社会将其称为"孤独死"。

2015年，日本社会大约发生4万起孤独死案例，而专门处理孤独死房间与遗物的从业者，被称为"特殊清扫业者"。从业者称自己做的是最哀伤的工作，他们的工作内容就是送这些独居老人最后一程。清扫现场往往很杂乱——乱飞的苍蝇、遗体的体液、没洗的衣物、满地未开封的信件等物品，清扫完成后，特殊清扫业者会在房间插上鲜花，以祭拜亡魂，这样的流程约需6个小时。为了不惊扰公寓居民，只告诉邻居他们在帮忙搬家。

然而，预估日本十年后，每年孤独死的案例会从4万起增加到10万起。根据《纽约时报》报道，韩国受到经济压力和老龄化的双重影响，孤独死正在逐年增加。报道里说，他们穷困潦倒，无依无靠。去世多时也没有人知道，更别提体面的葬礼了。然而现在，孤独死已经从过去的老年群体开始年轻化了。

台湾地区这一现象也不甚明朗，于2018年正式迈入高龄社会，到2025年也将跻身“超高龄社会”。（根据联合国世界卫生组织定义，社会中六十五岁以上老年人口占总人口比例达7%时被称为“高龄化社会”，达到14%是“高龄社会”，若达20%则被称为“超高龄社会”。）我想，日本、韩国相继出现孤独死的社会议题，很快，这也将成为中国必须讨论的议题，台湾包括其中。这个议题值得我们深思和警惕。

两年前深秋的一个午后，我受邀到台北教育电台做节目。因为去得早，所以先绕到一旁的植物园闲晃。在荷花池畔，我找了个安静的树荫坐下来，吹风小憩。拿起相机拍摄四周风景时，蓦然察觉在靠近池畔的长椅上，坐的都是一对对温馨的老人，而形单影孤的老人，则悄然坐在偏远角落的红砖阶梯上，错错落落，显得苍凉落寞。那些茫然看着荷花池的孤独眼神，我在一旁悄悄拍了下来，也牢牢记在了心里。

变老这件事，开始有种说不上来的感觉。

我对日本老人的印象，总觉得应该是和谐、温柔，他们是长寿又健康的银发族。然而，通过报道，我得知了他们真实的困境，开始思考这些孤独老人的生命选择，除了同情，也开始关注向他们伸出援手的社会力量。可是，近年来社会新闻屡屡提及老人群体犯罪率的提高，甚至是大幅提高，其中有性骚扰、暴力、卖春、跟踪、偷窃……这样的老人，日本有了新名词：“暴走老人”。这个词语里隐藏了“不能说的日本老人的秘密”。

《老人们的地下世界》的作者新乡由起是一位女性，她在书中揭露了不少老人犯罪的真实案例，描述了日本社会的种种现象，其中，长期被人们忽视不谈的与“老人的性”有关的话题占了许多篇幅。作者列出统计数据，说20年内，性犯罪增加了45倍，其中男性占了90%。作者并不是仅仅翻阅报纸，依据一些数字书写，而是常常进行田野调查，访谈那些孤独老人，甚至自己也有几次被跟踪的经历。作者解释说：“如果你对他们说了一些温柔、暧昧的话，他们会以为你对他们有意思。”

一些老人被逮捕后，他们常辩称“我死前还有遗憾，就是没有谈过恋爱”。日本老人越来越长寿，但是国家经济长年不景气，他们想再就业相当困难，这使老人贫穷的问题更加严重，也形成了社会上“长者独居”的普遍现象。这样的困境，体现在老人们有时间、有余力，但是没有钱、没有家人。这些“暴走老人”，人生所剩的时间不多，但是生活需要一天一天地度过，这让他们拥有了很多无所事事的时间；他们的身体说不上非常健康，但也没有特别严重的疾病。

独居老人随着年纪越来越大，也愈发茫然，不知如何使用这些时间，每天活得非常空虚。老年男性逐年滋生的深度焦虑，渐渐转变成了自我价值的丧失和道德滑坡。当是非之分的围墙倒塌，一部分老人问题便成了新的社会问题。那老年女性呢?

2015年6月，日本内阁府发表了2015年《高龄社会白皮书》，1.27亿的人口中，六十五岁以上占26%，而其中七十五岁以上又占

12.5%。再借用另外的数字说明，长寿的日本男性的平均寿命超过八十岁，女性超过八十七岁。2016年，日本的长寿数据又创下新高：女性达到87.14岁，男性80.98岁。

日本首相安倍晋三多次疾呼打造“能让女性耀眼的社会”，他喊话年长的女性：“女性们，站出来，回到职场拯救经济！”安倍寄希望于女性提振日本经济，这同时又能解决年长女性时间闲置的问题，也能解决她们的心理问题。但是，官方数据显示，近年来，日本女性独居人数不断攀升。

还有一个社会问题也是日本在将来必须面对的。关于“终生独身”的统计数字，2016创下新高：五十岁的族群中，有四分之一的男性未婚，女性也占到了七分之一。他们中有很多人是1997年以来的“单身寄生族”，那是1990年日本泡沫经济期间衍生的时代问题。这些人当年二十多岁，没有工作，但是仍开心享受生命，以为自己在三十岁时会结婚，但是，真实情况是那其中三分之一的人从未结婚，甚至一直都没有工作，现在，他们大概五十岁了。

二十多年来，他们就是所谓的“啃老族”，没有收入，与父母同住，2016年的统计数据显示，日本社会的“啃老族”有450万。如今，他们已迈入中年，没有退休金，没有存款。这些年来，他们一直仰赖的是父母的工作收入，如今，已经渐渐变成“共享”老父老母的退休金才能生存下去。随着时间的流逝，有些家庭的父亲（或母亲）死了，退休金也没了，他们没有“老人金”可以啃了，日常的基本经济状况自然更艰辛了。未来，日本将会有450万没有任何经济能力终生啃老的独身老人，他们的孤独死问题也将逐渐引爆。根据日本社会机构估算，战后日本第二次婴儿潮中出生的人，约有105万面临孤独死，日本正逐渐沦为孤独死大国。

日本的社会文化与中国不同，台湾自不必说，但是，我总忍不住想着“日本的今天，中国的明天”。

我问一位退休多年的朋友，最近忙些什么？他说：“退休后，时间变得比较缓慢。”每天有很长的时间坐着看电视，偶尔到公园绕两圈，吃廉价的晚餐。现在帮忙带孙子，似乎可以让自己忙碌一些。他说近来记忆力变差，有时察觉自我已经显得陌生，感觉该去医院做些检查了。一些失望，一些迷惘，我从他的言谈中，听出了一丝淡淡的孤独，以及又无能力改变的无奈，时间已经成了他的黑洞，他更多的是感到空虚。

独居老人与小镇，他们怎么做？我们怎么做？

我曾在电视上看到过这样一个情形，有一位老太太在电话里聊得开心，从春暖花开聊到刚刚度过的八十二岁生日。电话另一端的对谈者问她：“是谁和你一起庆生的？”老太太沉默了一小阵子，回答说：“没有人，只有我……”情绪明显突然转成低落，不想被唤起的压抑感觉，又袭上心头。事实上，世界上许多角落有很多人不仅长时间独居在家，甚至连电话交谈的质量也在逐渐下降。诗人艾米莉·狄金森把孤独感描述为“不可丈量的恐怖”，那是一种悄无声息的伤害。

在英国与美国，六十五岁以上的民众大约每3人里就有1人独居，在美国，八十五岁以上的人中有一半是独居状态。独居不等于孤独，可是对年长者而言，大概已经是“孤独沦陷”了。在英国，人们逐渐认识到老人孤独的危害已经严重影响了社会，它是应该被严肃对待的公共卫生课题。有人开始倡议“终结孤独”的行动，呼吁“每个人都应该关心孤独这件事”。在英格兰西北部的一个海滨小镇布莱克浦，地方政府开始设置“银色热线”（Silver Line），这是一个专为老人服务的24小时热线中心。结果，每周都有大约一万通来闲聊的电话。这些老人打来电话，是为了满足生活的基本需求——与他人保持联系。

有趣的是，老人将沟通需求伪装成寻求一些生活上的建议，比如：怎么烤火鸡？西红柿怎么种才会比较甜？电灯坏了，怎么修？只有极少数人会坦诚地讨论自己的孤单感受。许多心理学学者会说孤独感与口渴、饥饿、疼痛很相似，是一种反向讯号。拒绝承认自己的孤独感，就像拒绝承认自己饿了一样，没有意义。我也在想，这究竟是拒绝承认，还是尚未察觉？

对于这种否认自己孤独的长者，他就像一名血压、血脂、血糖已高的初期慢性病患者，如果他没有明显并发症，可能还浑然不知自己的病况。自认为可以抵抗孤独的人，就如同隐藏的“三高危险群体”，他们已经悄悄走上随时有事发生的路径了。

“银色热线”的执行主管在接受访问时，语带惊讶地表示，这条专线在三年前开通，很快就涌入了大量电话，如今热线中心每天接听大约1500通电话。她说，最担心的不是那些打来电话的人，而是那些因为孤独而过度抑郁，以至于连电话也不想打的人。“对于最难接触到的人群，需要我们引起更多的重视。”专家也说了：“孤独的问题还可以细分，解决之道也不如表面看来那么显而易见。”也就是说，电话专线能帮人们暂时缓解孤独，却不太可能降低长期的孤独感。但我知道，它对自觉孤独的老人还是有帮助的。

男女应付孤独感的方式大不相同。打给“银色热线”的有70%是女性。

《浩克慢游》是介绍台湾地域文化的一档旅游节目，有一期拍摄的主题是农村，节目组曾到台南后壁取外景，选择了菁寮与土沟两个状态迥异的小村。土沟，我将它定义为“明天的农村”，而菁寮则是“昨天的农村”。菁寮小村具有高知名度，因2005年曾在这里拍摄纪录片《无米乐》而声名大噪。影片讲述了四位老农民的劳动身影与乐天知命的故事。从农村老人的生命智慧中，可以体会到敬天畏地、爱人惜物的精神。此后，纪录片中“昆滨伯”的角色与菁寮村的名声广为传播。从2005年的纪录片到2014年《浩克慢游》旅游节目的拍摄，这十年间我约去了五次菁寮村，有了一些观察。

菁寮虽然成了著名的观光景点，但是这十年来，没有新移入的居民，村里的老人说好久没有听到婴儿啼哭的声音了。村民的岁数年年增长，老龄化严峻，这成了观光小村背后难言的宿命。小村有两条老街、一些老行业依然吸引着喜好老旧时光的旅客。在老街上，有一处老村长的故居，名叫“稻稻来”（“慢慢来”的闽南语发音）食堂，是闲置空间保存再利用，可以为观光客提供饮食料理，另一方面，食堂也为当地老人供餐。

2014年，“稻稻来”启动了“小区厨房计划”，这个计划是利用此处的老宅空间，作为当地六十岁以上老人自费共餐的灶脚。小区妈妈轮流担任厨师志愿者，负责煮饭做菜。村里老人则在用餐时间主动前往，然后在一方名牌板上，把自己的名牌翻过面当是打卡，代表已经来此用过餐了。如果有行动不便的老人，也可享受送餐服务。万一名单上的名牌没有被翻面，代表这位老人今天没来吃饭……他可能有事了，食堂便立刻启动关怀机制，甚至展开救援。

这种社会关怀系统对农村独居老人有极大的帮助。食堂周一至周五中午提供四菜一汤，解决老人用餐问题的同时，也使老人享受吃饭有伴的乐趣。他们不需电话专线舒缓孤独，因为他们有了用餐之外更大的附加价值：陪伴。过去他们独自看电视、吃饭，现在可以与一群人用餐谈天说笑；过去他们独居在被遗弃的小村，现在可以与一群“家人”享受有温度的生活形态。

电影《依然爱丽丝》，从惊慌到挣扎，再到流露出活着的意义

除了探讨与孤独老人有关的话题，2016年5月，根据台湾地区相关部门统计显示，台湾六十五岁以下的早发性失智症患者约有12000人，虽比老年失智症患者人数少，但对家庭及个人的冲击却比老年失智症更大。

电影《依然爱丽丝》（*Still Alice*）中，影星茱莉安·摩尔饰演的爱丽丝这个角色，是哈佛大学的认知心理学教授，也是享誉全球的语言学家。五十多岁的爱丽丝被确诊罹患早发性失智症，影片写实地刻画了早发性失智症的发病历程。爱丽丝的角色设定是一位母亲，先生也在哈佛任教，正值壮年，是一位杰出的知识分子，意气风发，盛名在外，属于人生胜利组。电影关注罹患失智症前后的变化，反差效果更显戏剧性，也让观众对失智症有了更多深刻观察与完整认识。

故事从爱丽丝察觉在演讲或说话时忘词、出门在外会偶尔迷路开始……到渐渐与朋友、同事的关系生变，造成家人的负担……电影深入探讨了疾病对家庭、职场、生活带来的各方面冲击。女主角精湛演技感人落泪，凭借这部电影，她也荣获奥斯卡金像奖等多个奖项的影后殊荣。

我读过小说原著，书里心境转折描写得更为细腻，让人更能咀嚼出爱丽丝内心的挣扎。书中所描述的失智症患者的生命改

变，就像无声无息逐渐笼罩大地的永夜，如果说亮光代表对人生的希望，而从患病的那一刻起，黑夜便日复一日吞噬着患者周围熟悉的一切，直到带走所有的光明为止，那将是永恒的孤寂。

在书中或是电影里，有以正面力量为标志的活着的意义，也有同样正在挣扎的人们，甚至有尚健康的我们所需要彩排的老年人生。爱丽丝陷入失控漩涡，也察觉以后的日子会更棘手，她说：“我并非濒死之人，只是被迫与阿尔茨海默病共处的病患，我更会尽我所能继续生活下去。”

爱丽丝小时候曾因蝴蝶只有几天的生命，就难过地掉下眼泪。她的母亲告诉她：“生命短暂并不见得就是一场悲剧，如果在世的每一天你选择好好去过，就是美丽而充实的人生。”

于是在知道病情之后，她开始列出还没完成的愿望清单，并在演讲中说道：

> 我的昨天随风而逝，我的明天无人知晓，那么该为了什么而活？我谨守一日哲学，决定活在当下。不知道到了哪一个明天，我将会忘记自己曾经站在你们面前发表过演讲。即使这些记忆在未来被遗忘，并不代表我没有认真把握今天的一分一秒；即使终究会忘记今天所发生的事，也不表示今天一点都不重要。

写作，也许是照顾失智长辈的一盏明灯

对于失智的长辈，我们能为他们做些什么？如何照顾他们？这是一个大问题。我曾经对家人说，当我老去，万一有一天发现我已经有失智前兆，请他们在我清醒的时候告诉我，那时，我将会不慌不忙地安排自己，到一处疗养中心入住。我也告诉他们，不要有任何愧疚，这都是“自在老去”功课的一部分。

2014年8月11日的一则新闻爆出美国知名导演兼演员罗宾·威廉姆斯在家中自杀的消息！这个噩耗让无数影迷震惊心碎，威廉姆斯享年六十三岁。当时，大家都猜想威廉姆斯是因为罹患抑郁症才选择结束人生，直到他的遗孀在接受专访时表示，导致威廉姆斯选择绝路的，不是抑郁，而是失智。他是许多人喜欢、心仪的大明星，他在大银幕上的温暖笑脸与隽永的幽默，一直激励着观看电影的我们，当知道不是抑郁，而是失智的真相时，我们被失智这名无声的杀手打得措手不及，甚至对它多了几分畏惧。

站在失智者的一方，疗养中心如何提供更好的照顾？关于这个问题，目前有一家新创公司MemoryWell，提出了一项有效的解决之法：用写作协助失智长者得到更好的照顾。这个主意是从“就算记忆消失了，他们的故事依然存在！”开始萌发。试想，一位失智者如果面对的是已经了解他的故事的照顾者，是不是会获得更贴心的照顾。想出写作这个办法的人，名叫珍·史摩尔，

曾是《时代》杂志的一名记者，由于自己的父亲也深受失智症的折磨，她在协助父亲缓解病症痛苦的过程中，也看到了别人的需求，即如何快速获得更好的照顾。

当计划将父亲送到失智疗养中心时，她发现需要填写长达二十页的病患问卷。问题是，这些问卷都无法让护理师真正了解父亲的生活背景。而且，珍认为，就算这些问卷有效，大部分护理师都不会花费时间去阅读。于是，珍建议由她来为父亲撰写一篇小故事，将父亲的生平介绍给护理师们。结果，她父亲的小故事广受欢迎，护理师们从这些小故事里更加了解了她的父亲，进而知道什么会令他沮丧，什么会令他开心。当然，珍的父亲，也因此得到了更完善的照顾。

自己的作为得到了好的结果，这鼓舞了珍，她开始思考将这个服务带给更多有需要的人，用小故事记录下失智者的生平，使照顾者能够快速深入了解患者，进而让患者得到更好的照顾。开始，她还只是应朋友的要求，可渐渐需求越来越多。于是她与伙伴一起成立了“为疗养中心提供失智病患信息”的网站，用文字记录患者的生平故事，上面也附有患者的照片、介绍短片，甚至他们最爱的音乐。

有了这些信息，员工流动率极高的疗养中心能让新手只需花几分钟的时间就能够深入了解患者，进而能在无缝接轨下接手并照顾患者。

这个新创想给了我一些灵感。近年，我跟我的母亲相处，谈话中发现她仍能记住一些旧事，但她也随时会忘记刚刚所说的一切，这让我时常感到沮丧与挫败。现在，我准备了一本小册子，像是一位记者，随时采访，随时系统地记录，我像是客观的第三者。我没有写太冗长的文字，只是企图写下一些关于她的精彩小故事……

大时代老画家的孤独情深，有触动，也有指引

老人的失业、失智、失能、失魂，似乎都是人生最后无言的呐喊。然而，同样对于年老孤独的心情，“官因老病休”的诗人杜甫，在晚年却能创作出“飘飘何所似，天地一沙鸥”的诗句。一生坎坷的老画家，即使已到耄耋之年，依然能绘出不朽的精神与孤独的光泽。

2015年5月7日，宜兰美术馆举办开馆仪式，首展推出王攀元特展，展出他创作的七十二件作品。已是107岁，获得台湾地区各大美术类大奖的王攀元，坐着轮椅现身，见证宜兰美术界历史性的一刻，这应该是他人生中的最后一场展览了。

2017年12月22日早上，朋友发来109岁老画家王攀元凌晨辞世的消息。我在Facebook上写下这样一段话：“这一年偶尔上网搜寻王攀元，没有新消息就是好消息，因为他已经一百多岁了。这则新闻说他是‘画布上的诗人’，确实是这样一位了不起的画家，一位孤独情深的画家。今年，2017，走了好多经典人物……”

王攀元是我很喜欢的老画家，生于1909年，算是清朝人，原是江苏北边城市大户人家的二少爷，从小无依无靠，一个孤儿在大家族斗争的夹缝中挣扎，擦肩的优裕在自力更生的过程中，更显无奈。留学法国梦断后，1949年，四十一岁的他辗转来台，又是人生另一页艰辛转折。1992年，我在台北诚品画廊看展，初次欣赏到了这位那时已是八十四岁画家的作品，我看懂了他的孤独情深，画作中展现了人面对时代和生命之孤独的超凡能力。画廊介绍王攀元的小文如下：

孤独是天性特质，也是际遇使然，与其说他自小躲避在孤寂的角落，毋宁说他是甘于独自一人的怡然自适；宿命造成他孤傲的必然，也成就他艺术的宽阔境域，无边无际，了无牵挂，穹宇苍茫，他是自己唯一的知音。这也是为何王攀元的画像谜一样，令人费解，他以虚空创造距离，在欲语还休、似有还无之间，藏着血泪交织的热情。

2017年6月底的一个早上，我去了南海路的历史博物馆，细细端详常玉的画作，他是我在徐志摩年代最喜欢的画家。常玉出生于1901年，长在清朝四川顺庆的富商家庭，十六岁在上海美术专科学校就读，在五四运动的热潮下，1920年，二十岁的他转赴法国留学，与徐悲鸿、林风眠、潘玉良、邵洵美等成为中国最早的一批留法学生，之后留居巴黎。

王攀元与常玉两人仅相差八岁，都是清朝末年有钱世家之后，也都在上海美专学习过。一位去了法国学画，结果因为大时代滞留巴黎，不得归；一位想去法国学画，却因为大时代的战乱，来到了中国台湾，在宜兰旅居六十多年。两个孤独的老灵魂有些关联，然而最大的关联是苦难，那是大时代与环境交叠成的必然，他们把最后的自觉与尊严留给了绘画，用彩笔孤独地与自己对话。

常玉晚年的画作，空间显得辽阔荒凉，常见渺如一粟的动物在旷野上奔跑驰骋，翻滚伸展，停滞休憩。他曾画过一只踽踽独行于荒漠的小象，他指着小象对友人说："这就是我。"

面对这两位孤独的画家，我总能从他们的画作中看出低沉又美妙的哀伤。

我想，是不是该向我的退休老友，介绍南宋养生家陈直，他列出了"人生十乐"：读书、谈心、静卧、晒日、小饮、种地、音乐、书画、散步与活动。每个人都正在渐渐老去，即使面对未来失智的可能，在想想自己的悲惨之前，也要懂得萧伯纳所言："真正的闲暇，并不是说什么也不做，而是能够自由地做自己感兴趣的事情。"生活，不要省略任何趣味细节，为自己的未来做准备，开始练习创造一个有振奋作用的环境，把没有意义的事，看成很有意义的事。

陆游有诗："欲知白日飞升法，尽在焚香听雨中。"自己练习让思绪飞扬，学习古人特有的妙趣。台湾地区的人口老龄化、少子化，已经是大趋势。社会的照料能力有限，所以面对自己渐渐老去，甚至是失智的可能，要自立自强，建立唯有自己才能让自己怡然自得的觉悟，并努力帮自己赚取更多的幸福货币。我们知道，小松鼠也会储存足够的食物，准备度过寒冬。

我们可能无法像欧阳修"至哉天下乐，终日在书案"。他把读书视为晚年养生要道，但至少，我可以学着像老舍在《养花》这篇文章中所说的，"有花有果，有香有色，既须劳动，又长见识"。

现在一个人

从假日形单影只的钓鱼客，说说什么是“孤独的消遣”

我认识一位朋友，年轻的时候，在周末总喜欢与麻将牌友共度时光，他说小者可以怡情养性，大者可以养家活口。年纪渐长，这几年，他假日时间总一个人去海边钓鱼。我笑问“输怕了？”他倒是严肃地回答我，平日工作回家，太太就对着他一直讲话，尤其女儿们到外地读大学之后，这个家只剩下他这个唯一听众，长期絮絮叨叨的疲劳轰炸，他已经无处可逃。

朋友说，从一本杂志上得知：女人一天要讲两万个字，男人则是七千个字。平常在公司他已经讲完七千配额了，可是下班后，太太才开始打开话匣子，这是很恐怖的承受。所以，现在假日时，他索性到海边独自钓鱼，安静地打发时间，万一收获不错算是加菜。当然，他也鼓励太太平日去社区大学上课。

钓鱼不是我的消遣活动选项，但是，每逢假日周末，总是可以看到在海岬、河堤、湖边、溪岸上有成排的钓鱼人士，他们会彼此刻意地保持距离，基本上很少看到他们交谈，这纯粹是一种孤独的消遣。我常想这样好玩吗？可是精神科医生说，钓鱼的这段时间看似没有发生什么，但人们的思想一定特别活跃，同样，带有机械式劳动的园艺也是。

因为我没有长时间钓鱼的经验，所以学者提出的“消遣不仅是消遣”的论述，我觉得有点意思。但是，我还是质疑提出这个论点的精神科医生，一定没有看过矢口高雄的《天才小钓手》漫画。主角是一名叫作三平的小孩，得到祖父一平的真传，拥有高超的钓鱼绝技，深知各种鱼类的生态，他发挥了与水里各种鱼类斗智斗勇的技巧，也经常参加比赛。漫画里把钓鱼知识融入生活禅学，是一部兼具教育与休闲功能的作品。但是把钓鱼、园艺、农稼等等当是休闲与兴趣的人，在“波澜不兴、水波无痕”的表面，内心运作着大量的幻想心绪，确实是值得探讨的秘密。

我的经验是，当我独自开车驰骋在高速公路上或是滨海快速大道上时，确实是我幻想、创意最旺盛之际。我曾经在一篇文章中写道：

> 一大早，独自开车前往学甲小镇，台十七线，西部滨海公路是我的疗愈公路，辽阔的蓝天，远处的高积云，近处的卷积云，一切都好看，甚至找出许茹芸的《如果云知道》来听，一路相伴畅游。旅居台南已有二十年，前几年都蜗游在台南旧城的大街小巷，之后为

了黑面琵鹭，假日我开始由南至北来回穿梭在台十七线，独自去赏鸟、看瓜、读海，也遛遛白云。

推荐函、履历表里总要写上自己的兴趣爱好，让面试官多多了解面试者的个性，进而推演他是怎样的一个人。心理学告诉我们，发现一个人的真正兴趣所在，就差不多可以了解这个人。社会学家则告诉家长，要了解未来的女婿，跟他一起在餐厅吃饭，即可得知他是怎样的一个人。从兴趣爱好的数据，大概可以得知关于某个人八九不离十的轮廓，也等同于可以清楚知道他的人际关系。

基本上，像是钓鱼、园艺等休闲活动，有着单调却又能抚平已经起皱的灵魂的能力，虽然这些活动大多没有实质的创造性，但是会大量占据那些已无温饱之虞的人的休闲时间。长时间保持一个人的单独状态，是独处之际的物理现象，而这个物理孤独状态，有时像是一种令人平静的仪式，也使人像正在被按摩的疲惫肌肉，舒压，可以好好享受回到原点的静态。

说“现在一个人”，就是独自一个人慢跑、钓鱼……仅此而已。

第一现象：孤独地坠入爱河

一个人钓鱼时的孤独，是用眼睛可以看得到的孤独，暂且称它为物理性的孤独。可是，寂寞男女的孤独却是暗潮汹涌，这种孤独很有可能产生化学反应，它代表着，现在一个人的这种状态，可能是大量感情滋生又幻灭的时刻，波面无痕，或许水下隐藏着波澜起伏的情绪，需要谨慎认知与判断。

有人如果在Facebook上表明他现在是一个人，表面的意思是单身状态，没有亲密伴侣，情感处在开放的阶段，有等待的意思。但是，那一些隐晦没讲的，可能是，他已经进入看山不是山的阶段，或是正走在看山又是山的半路上。

我们先来仔细想想关于一个人的爱情。那些处在单恋泥淖中的人们，想爱，却爱不到。许多人在年轻的时候，或多或少有过仅仅是动心的阶段，连表白都羞于启齿。这样心中的小骚动，过一段时间，就随着夏日假期的到来不知不觉远扬而去了。动心，而又不敢表白，就如罗大佑在《童年》中唱的："隔壁班的那个女孩，怎么还没经过我的窗前？"

我在大一时，年轻，不谙恋爱技巧，曾经喜欢过一个经济系的女孩，处在仅仅是心动的阶段。对于这段还没发生就结束的柏拉图爱情，我写了长长的一篇《旅人与画家》，以此暧昧一下我的小小单恋。在此附出一段：

五月是有云有雨的季节，多风的高岗及无人的旷野，在我的小窗之外。于是，我的画架，我的行囊开始有了吉卜赛的乡愁，那种伸手可及的思念。唉！酒瘾的日子对我太长了，我像湿土的雏菊，怀着阳光的梦，等待着。

这些虚幻的句子，仅是无病呻吟的“恋习曲”罢了。

一位女性朋友，有一阵子要求我帮她卜卦，算一算她跟那个男生有未来吗？我问她：“你们交往多久了？”她回答：“他还不知道我喜欢他。”其实，她不是要来卜卦，她仅是潜意识害羞地问：“我该向他表白吗？”爱我的人我不爱，但是我爱的人，爱不爱我？单恋让人受尽委屈，李清照抒发的“新来瘦，非干病酒，不是悲秋”，我猜，就是这般心思。而来找我卜卦单恋的她，正处于患得患失的路口，也陷入表白或不表白的内心挣扎。

“我该向他表白吗？”心理学家总会给一个狡猾的答案：“我无法替你回答对方是否会响应你的感情，可是，至少你能从这次经验中，品尝付出与期待的美好，这也是爱的一种面貌。”这个答案无法帮助被困扰的人，所以我给了她一个玩笑答案：“你就直接扑上去！”

日本作家深泽真纪提出过一对名词：草食男与肉食女。意思是现代的一些男人像是草食动物，只是低头吃草，对其他的动物没有攻击性，比喻他们在爱情上消极，没有信心，不愿承担责任，甚至觉得追女朋友是很麻烦的事，就仿佛爱情与婚姻对他们已经可有可无。也因此，行动积极的女性出现了，她们一反传统，放下矜持，渴望爱情，出击猎男。对于年轻的男子，她们称之为“小鲜肉”。

但是，事与愿违，许多日本肉食女，经过一番猎食后，才发现市场上可供选择的男性实在太不济，所以大多无功而返，选择继续独身，慢慢期待爱情的降临。不知道，那位想要卜卦的朋友，她的爱情故事结局怎么样了？我不敢问，因为单恋是一件“衣带渐宽终不悔，为伊消得人憔悴”的事情，有时是“对酒当歌，强乐还无味”的故作坚强，外人很难懂得其中真谛。

单恋者往往以“可悲”脚注自己，有一个女生的单恋对象是办公室上司，她说每当他靠近自己时，心脏就狂跳，喉咙干到无法吞咽，这是单相思的征兆，已经进入“伫倚危楼风细细”的苦恋状态。

电影《恋爱假期》（*The Holiday*）中，由凯特·温丝莱特饰演的女主角爱丽斯在剧中有一段自白，可以让我们体会那些单恋者内心的苦楚：“孤独地坠入爱河，也是受诅咒的受害者。我们是单恋的苦主，更是没人疼没人爱的可怜虫，就像找不到停车位的残障人士。”这种啃食内心尊严的孤独，时时令我们内疚神明，外惭清议。电影里的她或许是比较执着的案例，但是我们身边总不缺乏偷偷喜欢一个人的朋友，他们陷入痴迷的当下，想必都会同意法国的一句谚语：“玻璃的命运就是粉碎。”认命，不悔，然后随着时间走过，恋情火焰渐渐停熄，才算是走出了自我划下的监牢。

电影中，觉悟后的女主角说：“我死心塌地单恋那个男人，过了三年的痛苦人生。”三年，似乎是人们的煎熬极限，总是身心俱疲之后才甘心，才能痛下决心走出来。

现在一个人，是在疗愈自己的伤口，那是走出幽谷的宣示。

第二现象：我寂寞寂寞就好

男女间的情伤，除了单恋，还有失衡的恋、畸恋、不伦之恋、鬼迷心窍的恋、一厢情愿的恋……当事人都在憧憬爱情的甜蜜之后陷入深深的失落之中，情绪低回。原来饱满丰盛的爱情液汁，往往注入已经干涸的枯泽，了无痕迹。于是梦里有了旋律，春天，还在我的脑海里，但秋叶却直直落下，满怀的期待，拥抱的却是冷冷的单人枕头。所以，我们都能明白《恋爱假期》的女主角在脱离不对称的恋爱痛苦前，她所说的："我了解那种渺小又微不足道的感受，就算遍体鳞伤也要故作坚强。"她也屡屡卑微地自问："日日夜夜都在回想着每个细节，纳闷自己到底哪里错了，哪里误解了。"

许多在爱情中的失败者，常常质疑自己"为什么我老是爱错人？"然而，旁观的朋友早已经给了你答案："他对你坏，你故意忽视；他对你好，你就完全死心塌地。完全没有想到其实是他不适合你。"

2010年，田馥甄唱了一首《寂寞寂寞就好》，施人诚作词，内容写得贴心贴肺，那种躲藏起来独自舔伤的煎熬感觉，令人心疼也印象深刻：

还是原来那个我

不过流掉几公升泪所以变瘦

对着镜子我承诺

迟早我会还这张脸一堆笑容

不算什么

爱错就爱错

早点认错早一点解脱

我寂寞寂寞就好

这时候谁都别来安慰拥抱

就让我一个人去痛到受不了想到快疯掉

死不了就还好

我寂寞寂寞就好

你真的不用来我回忆里微笑

我就不相信我会笨到忘不了赖着不放掉

人本来就寂寞的借来的都该还掉

我总会把你戒掉

2017年，歌手A-Lin发表了新歌《未单身》，李焯雄作词，诠释的是现代都市女性“一个人太少，两个人太多”的矛盾心情。两首流行歌前后才相差七年，却因为已进入智能手机和通信软件的时代，人们又有了新的寂寞、新的疏离，像潮水般淹没我和你……比起七年前，现代都市女性有了更深沉的寂寞感，她们左右不安，困惑更多，在孤独前犹疑不决。其中一段歌词，可以察觉仅仅七年，已经是一个时代更迭：

为什么分开寂寞如此充裕
但在一起世界如此拥挤
我怀念你在紧紧抱我没有嫌隙

那我呢像一个人同时
有两个身体命运的迭印
你就等于我
可是
我也被你占领哪里都是你

为什么分开寂寞如此亲密
但在一起世界如此疏离
我怀念你在紧紧抱我没有嫌隙

缺口未单身的引诱
彼此不在场的自由

在爱情中得失的欢愉与苦楚，永远是个谜。从唐诗“一寸相思一寸灰”到宋词的“落花犹在，香屏空掩，人面知何处？”从《寂寞寂寞就好》到《未单身》，所有离开爱情苦海的清醒者，浸透在相思情及思恋的惆怅感中，等到情淡了，事过境迁之后，又如同宿醉后的清醒。偶尔回忆那些模糊的余温，总会得出同样的结论，那么多年浪费掉的人生，终究会随记忆一起消逝，明白方与圆最终不合适，然后相信下一个会更好。

现在一个人，其实是独自悲鸣之后，对爱情仍有期待，希望能另有一人相伴。

第三现象：家里有谁在等你?

现在一个人，可能刚刚脱身一段刻骨铭心的爱情漩涡，可能是仍在疗伤，虽然许多情绪尚未走出来，但人往往在经历许多之后，还是会重新开始。有一天，再遇到值得付出的人，依然会一点一点地重拾信心。现在，让自己走在阳光下，坦然说出“我现在一个人”。

现在一个人，也可能是一个人自在地过日子，享受独居生活。下班了，一个人吃过晚餐，被问“你为何要急着回去？家里有谁在等你？”韩剧《独居生活》是2016年12月在Naver TV Cast上播出的网络剧，由崔松贤、尹熙石主演。剧情讲述了一些男女独居的故事，主题触及随性生活，爱情故事也交叠其中，展现了独居生活的一些挣扎，很有韩国社会的律动感，除了共鸣这样的生活形态，更多了现代男女的省思。

韩剧《一起吃饭吧》，从都市男女的独居、独食问题切入，剧情里有职场和生活的黑暗面，也有因孤独而共餐的暧昧，既然是与吃饭有关的一部剧，美食自然一定是有的。然而重点是，对于孤单、悲伤或是疲倦，我们可以做些其他的事暂时逃避，可终究还是要面对。引用韩国女诗人千良姬的《饭》一诗当作结尾：

为了因为孤单而曾经吃很多饭的你

为了因为倦怠而曾经贪恋睡觉的你

为了因为悲伤而曾经大哭的你

我写下了

把陷入困境的心，当作饭一样地咀嚼吧

因为反正人生还是要由你自己来消化

美国社会学家艾瑞克·克林南博格撰写的社会研究报告，2013年有了中文版本，先被译为《独居时代》在台湾地区出版，2015年在大陆的译本为《单身社会》。两岸诠释文化还是有一些差异，“单身”一词似乎更多涉及恋爱婚否的状态，而“独居”一词更偏重生活方式的选择。作者在书里讲道：“以历史的眼光来看，独居现象将长期成为当代已开发国家的特征”，而他也追问：“在大家都发现传统家庭逐渐分崩离析的情况下，独居生活的兴起，是否将形成全新的‘城市部落’以取代传统的家庭形式？”

报告中，有一篇讲女性受访者金柏莉的故事，作者企图通过这个故事印证从单身到独身的趋势。访谈之中，她并没有完全放弃寻找另一半的念头，不过也不再为未来会单身一辈子而感到恐惧。

当金柏莉三十岁依然单身时，她开始有了这件世俗之事带来的苦恼，甚至痛苦。平日，繁忙充实的工作，很容易忘记单身的空虚。但是到了周末，就没有那么容易熬过去了。最开始她用看电视的方式来转移注意力，但也很容易陷入孤独和无聊的沮丧状态，甚至产生了社交恐惧。

后来金柏莉决定有计划地买一间公寓，改变自己寄人篱下的情形，结束与其他人共享一室的现状，她要真正地独门独居了。离开出租屋搬入新居，她认为这是一个决定性的转折点，因为她将面临心理和经济上的双重挑战。同时也意味着，她不再等待一个男人来加入她的生活，或是等待有人引领她改变生活。主动建立自在独居的框架，这个模式与所下的决心，让金柏莉获得了自信，进而促使她做出了一连串的改变：减掉了三十磅的体重，克服了社交恐惧症，开始主动交友和约会，后来还辞去了工作，如多年所愿成为一名自由职业者。

但是，并非所有的独居者都是那么自在，甚至能够落实自律。虽然享受着没有干扰的自由，却是生活邋遢，环境杂乱。除此之外，很多人内心世界依然存在着传统思维的苦恼，他们还有挥不去的“夜很长，梦很多”的空虚。如果人际关系薄弱，就会长期陷入茧居族[1]的困境，生活里只有影子相陪。

网络上，有人开始收集需要独自一人面对的生活状况，从落寞到更落寞，分别排序是：

一、一个人去逛超市

二、一个人去餐厅

三、一个人去咖啡屋

四、一个人去看电影

五、一个人去吃火锅

六、一个人去KTV

七、一个人去看海

八、一个人去游乐园

九、一个人搬家

十、一个人去医院动手术

其实，也有许多人说这十项都还好啊，可能第十项比较悲惨，其他几项似乎在我们的生活里都很平常。这个反响说明社会的眼光与个人的心态已经改变甚多，一些无形的藩篱已经拆除。我认识几位守寡多年的长者，她们都畏惧在外面独食，“好丢脸

① 英文为cocooning，指人处于狭小空间中，不进入社会、不上学、不上班，自我封闭地生活。——编者注

啊，我不敢！”随着年纪越来越大，她们更少逛街和购物了，物欲降低，不谙网络，渐渐与社会脱节，她们唯一的窗口只剩下电视。当然，她们一定没看过谷口治郎与久住昌之的《孤独的美食家》。我是常年的独食者，也自嘲是进退有节的独食者，所以写了不少关于地方美食的书籍。关于这些事情，阿嬷们是不会懂的。

我也尝试着自问自答网络上的题目。

一个人去逛超市？很好啊！为何这会成为一个问题？我猜是那些网友内心戏太多了。我喜欢独自去超市，闲看架上琳琅满目的瓶瓶罐罐与各式食材，甚至喜欢在各地传统市场上独逛。近来走了一趟内湖的超市食集，超市里熟成牛肉专柜让我有好大的烹饪欲望。

一个人去餐厅？除了大桌菜之外，独食让我如鱼得水。一个人去咖啡屋？一家精彩的咖啡馆本来就是一个人去的“温馨教堂”，自然适合独占一方桌子。一个人去看电影？我是电影爱好者，近年进电影院的次数确实少了，大多通过网络租片或是购买观看，更何况有许多好影片，真的适合多次细细独品，一个人在家看电影，就是自在地订制一种心情。如果真的是一个人去电影院，那一定是我想吃一大桶爆米花，纵容一下自己了。

一个人吃火锅？抱歉，这不是我的选项，我十分喜欢享受美食，但是我不怎么吃火锅。一个人去KTV？庆幸自己歌唱得没那么好，所以KTV基本赚不到我的钱。我喜欢音乐，广泛地聆听欣赏各种风格，也习惯让自己独处的空间有音乐飘荡，空气仿佛都是轻盈的。

一个人去看海？我的书房往外看就是山与海，有日出，有晚霞，何必一个人去看海？清朝书法家、篆刻家邓石如有一间书斋名叫“铁砚山房”，山房中他自撰一幅长联，说他的书斋有“沧海日、赤城霞、峨眉雪、巫峡云、洞庭月、彭蠡烟、潇湘雨、武夷峰、庐山瀑布”，口气够大，却是读书人对独居的最大想象。

现在一个人，或许家里无人等我，但我会为自己留一盏灯。

第四现象：众声喧哗和山水的孤寂

去年，我在Facebook上发了一段小文：

> 几天前，又去了和寂咖啡馆，位于台南旧城的宫后街2号（就是水仙宫建筑正后方的一条历史小巷，近西门路二段。不过今年已经改设为和寂民宿了）。“和寂”是一个日式词，日语写为wabi-sabi（汉字可写作侘寂），这是一种独特的以接受短暂和不完美为核心的日本美学，有时被描述为“不完美的，无常的，不完整的”。其实，这个词汇，我将其理解为两种美学，一种是平凡与安静之中，绽放着幽微肃然的美感，华丽而丰富；另一种是众声喧哗中，完全孤寂的美感，断然与决然。两种美感分别独立，却又同时存在。

最有名的侘寂故事，发生在十六世纪的日本，有关于茶僧千利休与丰臣秀吉两人之间的牵牛花，两人曾有一段充满禅心的美谈。日本人把牵牛花叫作“朝颜”，因为牵牛花的生命只有一个早晨，它只在早晨绽放，过午就凋谢了。

千利休为日本茶道（抹茶道）之祖。利休宅内的院子里种满了朝颜，晨光洒落，庭院花团锦簇，美不胜收。丰臣秀吉得知此事，就指示利休在宅内筹备一次茶会，他要前来品茶赏花。赏花当天，丰臣秀吉兴致勃勃地来到利休宅，却发现所有的花朵都被利休剪掉了，庭院完全无花可赏。盛怒的丰臣秀吉闯入了茶室，本来要兴师问罪，可当他看到暗淡的壁龛上的花瓶，插着仅剩的一朵朝颜，露水欲滴、生机无限时，他立刻懂了，这是利休的禅心。

也是去年，我去拜访了一位八十多岁老医生的老屋宅院，这座宅院坐落在城市中心。因为听说他家屋宅后方有一处清幽花园，自成一方天地，整座长形庭院郁郁苍苍，树木婆娑，曲水潺潺。我准时抵达，老医生也穿戴整齐在门口相迎，他是长者，我冒昧前往，好奇传说中的私人中央花园究竟是何模样。

别急，我要说的不是他家花园有一朵牵牛花等着我，而是老医生太太的故事，她像是“壁龛上，花瓶里插着的那朵唯一的朝颜”，清美而孤寂。

这位老医生家中四代从医，他是第二代。父亲是日本殖民式统治时期“台湾总督府医学校”出身的第一代医生。到了他就读时，学校名称已改为台湾大学医学院。老医生在他家的茶室招待我们一行人，吃着茶食，侃侃说着他父亲的爱情故事，听得众人惊讶连连。老医生是当年士绅家庭的长子，有着那个时期遗留下来的台湾查埔人[1]一家之主的口气、个人成长经历与男性气魄。他熟稔于时代特有的沟通方式，懂得男人之间的竞争，更明白婚姻中男人应当扮演何种角色，属于那个非“新好男人”的年代，带着特有的自恋形象的魅力老人。

本来是彼此闲谈，后来我成了访问者，不断探究他的家族故事，老医生兴致勃勃地回答着我诸多的提问。我好奇他的恋爱故事，也好奇他身后没有声音的夫人，她是怎么样的一个女性？

老医生当年快完成学业时，他的姊妹介绍了一位台大外文系女助教，试图要他与这位女生相亲。20世纪50年，外文系两三年才甄选一名助教，也就是说两三年来最优秀的毕业生才能被聘用。虽然她的背景条件很好，可是这位老医生出于对下一代基因的考虑，一心想要娶理工科系毕业的女生。最后，拗不过姊妹的威胁逼迫。相亲前，他私下调查了这位女助教当年大学联考的数学成绩，发现竟然是满分。这令他回心转意。关于相亲这一段故事的结果是：他娶了她，一起回到台南行医。

婚后，她成了一位名医的妻子，在一个家风严谨的医生世家，她与婆婆一样，就此成了家中“没有声音”的女性……之后，妻子每天的日子都是在很幽微的生活细节中度过，她几乎是

---

① 闽南话“男人”的意思。——编者注

半透明的存在，轻风一拂了无尘埃。关于这一段生活的细节，老医生没有说太多。听到这里，我追问改天是否可以单独访谈夫人。“可以啊，欢迎，但是我猜她不会答应的。”因为我实在也想问问她，当年如此优秀的高知女性，从殿堂到厨房，从教室到家庭，相夫教子这么多年，会不会委屈，会不会孤独？

在我拜访的这一段时间里，家族里第三代医生和他的妻子在一旁静静陪同，我请第三代医生说说他的母亲。他说道，当年他们姐弟还在高中求学时，母亲每天都会做一些精彩、繁复又好吃的便当，制造生活里的小惊喜。午餐时间，每当掀开便当时，同学们总会惊呼赞美。这些年轻学生的羡慕声响，母亲无法亲耳听到，但是，这“小小掌声”成了当年母亲的小小满足，那个年代，母亲应该就是这样获得了一些成就感吧。

他又说，他们这一代早已各自成家，孩子也都长大。母亲虽然老了，现在常常独自一人从二楼客厅凭窗远眺，一片蔚蓝的天空下，可以看到父亲悉心照料的翠绿雅致的花园。母亲开始享受一个人的奢侈时光，静下心，扎扎实实地感受日子。

第三代医生没有回答他的母亲孤独与否，但是他用便当的故事委婉地回应了我。我懂了，听得很懂。当天参访花园，喝茶闲话，他的母亲一直没有现身，但是我仿佛已经认识了她。

现在一个人，显然已是了无牵挂，无垢无净，自去自来，自由自在。

初老的潜孤独

我想，当退休朋友谈论《菜根谭》时，他们就已跨入初老门槛了

我在社交软件上加入了一些群，有父母双方两边亲戚的群、高中同学群、大学同学群、爱喝红酒群、喜欢聊天群……当然也有一些工作群。没什么惊人的族群对话，就是互通信息保持一些关系、互相交换想法，等等。近两年，有几个年纪相仿的老同学，他们陆续退休，有一阵子总会频频在群里讲话，或长或短，他们在群里发的那些类似长辈文的小文章，也很启发我：

> 人在世间走，本是一场空；不必处处计较，寸步不让。有利时，要让人；有理时，要饶人；有能时，不要嘲笑人！再好的缘分也经不起敷衍，再深的感情也需要珍惜。想得太多，容易烦恼；在乎太多，容易困扰；追求太多，容易累倒。

老同学发在群里的每一段话都是字字珠玑，但是我怎么觉

得他们都有了初老征兆？书写的人开始老了，慨然同意的人开始老了，发短信的人也开始老了，他们开始热衷这些言简意赅的小句子，我倒是感慨他们的传讯举动。这些耐人寻味的话语短句，年轻时，都是耳边风；中年时，这些叮咛都是天边云，抬头看觉得爽朗好看，低头问他们刚刚看到的云长什么样子，回答却是不记得了。怎么这些名言、小句子倒像是出自明代洪应明的《菜根谭》（这本书被列为“处世三大奇书”之一），以前没空看，即使看了也仅仅觉得说得好、文笔佳而已。

我们不妨也来看看《菜根谭》中的部分内容：

> 径路窄处，留一步与人行；滋味浓的，减三分让人尝。交友须带三分侠气，做人要存一点素心。忧勤是美德，太苦则无以适性怡情；澹泊是高风，太枯则无以济人利物。冷眼观人，冷耳听语，冷情当感，冷心思理。

网络上也有关于初老症状的检测清单，当你自觉有初老状态时，有几个日常检查的项目：便利商店的发票变少了？开始携带保温瓶出门了？开始劝诫朋友少喝酒了？喝茶愈来愈讲究，吃饭开始变清淡了？性情变得温驯，不轻易与人发脾气了？跟熟人聊天开始絮絮叨叨，内容都与养生保健相关了？开始觉得江山如画，喜欢组团旅行了？在Facebook上贴出同学会踏青的照片，同时向未出席的老同学喊话：“不要固执、计较、爱面子了！要及时行乐，活在当下！”“已经没有那么多时间了！”

当听到一些与为人处世相关的、仿佛看破一切的人生关键词时，便觉得这些话都好有智慧！以前年轻的时候怎么不多察觉、多警惕？我觉得这一点也是初老现象之一。孔子对于“进化”一词有自己的体会，他说四十不惑，五十知天命，六十耳顺，七十从心所欲……不惑，不为外物所迷惑；知天命，懂得自然的规律法则；耳顺，表示自己可以听得进不同意见了。其实，要想真正理解人生智慧，需要走过自以为是的封闭与执着，开始懂得对所来之事不抗拒，逐渐懂得生命无常，并包容生活中发生的一切。

可是，当你拍案叫好，急着把深有感触的这些人生守则传给朋友、晚辈时，不在乎他人收到之后的反应，这个举止背后的含义其实是：“这么棒的智慧你怎能不知道？”甚至还会自我追悔：我怎么这时候才领悟？

努力拥有与快乐失去，是人生的一条有趣曲线

其实，人一辈子要追悔的事何其多，大可把不惑、知天命、耳顺、从心所欲这几个人生的不同阶段好好弄清楚，理解这是“心境进化方程式”，人生观会随着岁月不同的主题曲，依序顺着拍子起舞，之后，自在过日子即可。

然而对于这些若有所失，又希望亡羊补牢的不自觉行为，一

些认知神经科学学者有了答案：演化使人脑不喜欢“失去”的感觉。不喜欢失去青春，不喜欢失去健康，不喜欢失去快乐，当然也不喜欢失去手中的金钱。换言之，“剥夺”所造成的心理不平衡，是很微妙的。企业的管理课程一再论述着一个道理：你给一个人加薪一两千，他所获得的快乐远远不及减薪一两千的愤怒。这个就是失去的严重性。

认知神经科学学者又说，“曾经拥有”与“未曾拥有”有微妙的曲线交叉变化，年轻时对未曾拥有的事物会有渴望，那是人类进步的动力。若太年轻，拥有的仅是荷尔蒙与梦想，而到了中年会勠力赚得最大的拥有，可是到了老年增长了智慧与历练，却又把这些努力拥有的财富与收藏，分享、馈赠或是以爱为名散尽它们。以股神巴菲特为例，可能可以清晰看懂它——这一条有趣的曲线。

巴菲特上中学时，除利用课余时间做报童外，还与伙伴一起将弹子球游戏机出租给理发店老板，赚取外快。他的夫人回忆他年轻时的趣事：“大多数孩子都心满意足地喝着从机器里倒出来的汽水，但他们从来不去多想什么，只有巴菲特捡起汽水机旁被人们丢弃的瓶盖，把它们分门别类，并数一下各种瓶盖的数量，看看哪个牌子的汽水卖得快。”

他不仅对投资理财有一套独特哲学，生活的语言也充满睿智，有人将他给年轻人的生涯忠告整理出来，看得出，那是他自己年轻时的心得：“永远不要放弃寻找你真正有热情的工作，和你喜爱的人交朋友，做你喜欢做的事。”要“慎选学习典范”，从你选择的学习对象，就可以看到你未来的发展。结交比你优秀的人，你才能往更好的方向发展。

这位传奇股神自谦地说：“我很理性。很多人比我智商更高，很多人也比我工作时间更长，更努力，但我做事更加理性。你必须能够控制自己，不要让情感左右你的理智。”他也说：“这么多年，我的工作是阅读。我阅读我所关注的公司的年报，同时我也阅读它的竞争对手的年报，这些是我最主要的阅读材料。”这位长者在职场奋发工作，已经超过六十年了。

在2008年的福布斯富豪排行榜上，他的财富超过比尔·盖茨，成为世界首富。2017年7月路透社报道，八十六岁的巴菲特自2006年以来已经捐款2754亿美元，其中捐赠给比尔及梅琳达·盖茨基金会约219亿美元。根据《福布斯》杂志的排名，巴菲特在捐赠大笔善款后，身家在全球仍居第四。拥有需要靠智慧与毅力，失去则需要勇气和爱心。

年岁与财富齐飞，2017年，八十七岁的巴菲特说：“时间是精彩事业的朋友，但却是平庸事业的敌人。”时间，对人们来说，的确是最公平的东西，每个人每天都拥有24小时。人们容易懂得马克·吐温所说的“黄金时代在我们的前面，而非在我们的背后”，那是对时间的珍惜与乐观。可是，当察觉世事变化之快，深深感慨“逝者如斯夫，不舍昼夜”，多数人不免务实地对余命多了焦虑感，少了安全感。在一场记者会上，记者问巴菲特，希望后人如何追念他？巴菲特回答：“这个嘛，我希望牧师说，‘我的天！他真老！’”对生死的豁达与幽默，大概对那些常常在意失去的初老的人们，或多或少有些启示。

对于“拥有与失去”的哲学问题，在每个人开始察觉自己初老后，答案都显得不一样了。他们陆续在网络上转发别人“写得真好”的文字，除了为转发的文字配上“未曾拥有，现在懂得不迟”的分享文案，也多了“青春已逝，可惜当时未能明白”的遗憾。

更残忍的是，他们已经领悟，人生最遗憾的从来不是失败，而是我本来可以。时间，真的是最公平的东西。人们失业或退休的状态，就像是退去的潮水，最终谁没有穿裤子一眼便知。

潜孤独，长期被惆怅感笼罩，是一种不舒心的感觉

当初老已经来敲门，潜孤独也无声无息地到来了。我这样描述潜孤独：说快乐嘛，没有！说不快乐嘛，偶尔还是会开心，只是长期的惆怅感笼罩，是一种不舒心的感觉，但是又谈不上郁郁寡欢。感兴趣的东西渐渐变少，取而代之的是莫名的忧心，对于青春岁月有更多的缅怀，对老年的孤寂有了担心。简单地说，淡淡的哀愁，有时猝不及防，对逆境、选择、和解和死亡，有了新态度。

现代社交网络的沟通方式，几乎已经取代电话功能，人们

巧妙地躲在3C屏幕后面，避开一些尴尬见面、多余对谈的社交活动，甚至有时敷衍地发一个表情包，就可以省却文字的来来回回。所以，阳光照不到的地方，潜孤独开始滋生。各个年龄层都有可能遇到潜孤独，初老期应该比例最高。

从潜孤独到真正的孤独，人们似乎都站在拔河长绳会输的一端。

想检视自己接近寂寞的潜孤独程度，可以自问：是否一个人去吃烧烤、去KTV、去打保龄球、去海水浴场、去动物园、去水族馆、去游乐园……是否独自这样离群索居，或是猛凑热闹？这些情形都很极端。

但是，我们可以明白，人们在越需要朋友陪伴的这些场所，似乎越能映衬出自己的寂寞。

心理学者卡西欧普建议，如果想告别孤独感，不能急着立刻找到生命中最重要的人，而是应该一步一步慢慢尝试。当已经察觉自己陷入潜孤独之际，不急，不慌，它就像是个旋转门，对准方向，一推，就可以轻松走出去了。

通过《深夜食堂》的美食故事，理解对潜孤独的免疫力

去游乐园、动物园，或是一个人去居酒屋喝酒，坐在吧台摇滚区与料理师傅闲聊，似乎是个好选择。

安倍夜郎创作的《深夜食堂》像是一座生活剧场，四方形

围起的座位，中间的舞台是老板的厨房，开放式的烹调空间，大家的眼光都朝向中央，可以与老板聊天互动，也巧妙地让食客不用眼神交会，大家并肩而坐，却不显尴尬。当然，如果不相识的食客彼此要谈话聊天，只要微微侧身即可。要缄默不语用餐的，要轻谈小聊互动的，要冷眼观看其他人的，完全无妨。这个不大甚是有点窄促窘迫的空间，提供给想要暂时忘却孤独感的各路人们，到这里来抚慰心灵，疗愈疲惫的心。

故事设定在新宿街头的一条后巷，一家独自经营的小食堂就是一个庶民舞台，营业时间从深夜零点到早晨七点。菜单仅仅列出几项：豚汁套餐、啤酒、日本酒、烧酒、高球酒[①]，并有附记：每位客人限点三杯酒！但是老板表示，只要是他制作的食物，都可以点，这个就是亮点。

故事围绕着主人与客人之间的交流，每一集都有一道简单食物，像是盐烤秋刀鱼、洋葱圈、猪排盖浇饭、锅烧乌冬面、水煮蛋、可乐饼、银杏、稻荷寿司等当是串场的主题，一道道平凡的家庭料理，却让人吃得热泪盈眶。故事里，作者将自己的生命感悟，轻巧地融入剧情，让都市生活的小人物那平日琐事中纠葛的思绪，轻快地拨动起来，最后气氛结束在希望里，而不是只留下空落落的惆怅。

---

① 20世纪50年代在日本流行开来的一种威士忌混合酒。又译作“嗨棒”。——编者注

在《深夜食堂》第一册的书腰上，写着这样一句话：下班后的深夜，总有个地方等着你光临……我们都有微不足道的小小心事，憋着不说也无妨，如果说了，也没人在意，像是被蚊子叮咬了，这个痒，抓抓也可以，不抓也无妨。小小的心事，大部分的人往往把它收卷干净，藏放进记忆的抽屉；有些人去寺庙拜拜，或是去教堂祈祷，总是寄希望于不药而愈。但是，如果能在城市的角落找到一处不起眼的小食堂，自在地喝点小酒，轻松地观看别人，也不怕被陌生人观看；不想讲话也罢，也无所谓加入聊天话题。与半生不熟的邻座的人并肩就食，歌颂美味，不用在乎彼此的身份、经济背景，杂事、心事、蠢事，冷冽、轻蔑眼光。在这么一个温暖的小地方聚餐，大家都是平凡、平等的，那就是畅愉时光！

我想，用美食来疗愈潜孤独，应该是个好办法。

近年来，台南旧城兴起了握寿司的小店，像是日本寿司之神小野二郎站在吧台后，同时只服务8～12人，空间不大，都要提前预约。认识的、不认识的人们，环绕坐下，共同面对气定神闲的主厨。预订的晚餐时间到，开始上菜，一人一次一贯，浓淡有序，色香味如同整篇古典交响曲，四个乐章，从主题呢喃的奏鸣曲式，到抒情的慢板，再到轻快的小步舞曲，最后来到快板终曲。用餐时可以自行酌酒，也可以请主厨共享，美食的节奏像是沙滩的潮水，一波一波轻轻拍着柔柔细沙。

一边欣赏主厨的手艺，愉悦地品尝不同滋味的握寿司，一边跟主厨谈着食材的心得，偶尔撇过头去看着邻座的人享受美食的惊喜表情。在此当下，时间轻缓地流动，大家专注在舌尖上的世界，同时享受着心灵的静谧。

有时，我会思考，对美食有所察觉的人，是否对潜孤独比较具有免疫力？如果是，对音乐、绘画等艺术有察觉的人，也是如此吗？

人类情境里固有的恐慌：失业，从受打击到被鼓舞

20世纪的英国小说家格雷厄姆·格林在谈论自己时说道，写作是他的一种治疗方式。他也纳闷："那些不写作、不作曲、不绘画的人，他们怎能不发疯、不忧郁，怎么能逃避人类情境里固有的恐慌呢？我有时觉得这很不可思议。"

他提出的"人类情境里固有的恐慌"，基本上就是丧偶、离婚、失业、身体的创伤，或是牢狱之灾等生命中不幸的遭遇。我对失业倒是有些心得，尤其是被失业、被退休。在电影《在云端》（*Up in the Air*）里，由乔治·克鲁尼饰演的男主角瑞恩·宾厄姆的背景设定，就是资深的资遣谈判人士，许多公司面临遣散员工之际，总是把这个最棘手不堪的面谈工作委外，故事就是发生在这样的一群人身上。影片中，当被资遣员工在会议室里，与谈判专业人士隔着一张桌子，被告知自己被解雇的那一刻，有如晴天霹雳的"被失业"的噩耗猛烈撞击胸口，世界仿佛天旋地转。有人掩面哭泣，有人强忍激动，有人哀伤求情，有人愤怒难

遏……当下情绪反应的不同，与人格气质有关，与未来经济困境有关，联结最深的则是自尊受创。

多少人从安稳的职场座位上跌落下来，感到意外、仓皇，瞬间被迫掏空自尊。

这对劳资双方来说都是难堪的时刻，在我三十多年的职场生涯中，常常被迫扮演告知人的角色。不管我累积了多少年的工作经验，也如何深谙人情世故，面对这种境况同样难受。我只能说，我庆幸站在他们的对面，然后把我年轻时，第一次被告知“你可以走了”的屈辱重新挖出来温习一遍，再以同理心安慰他们，希望“明天会更好”。

痛苦，甚至是悲愤的情绪过后，终究要面对明天的太阳。失业者除了思考自身与工作的关系，一些所谓的生命意义，也必须重新检视：工作本身带来的成就感，是维持生活的手段，还是享受团队工作的附加价值？有些人在工作中注重过程，有些人则注重结果。那些被委婉告知资遣的人，流泪之后，心想还是得为家人奋斗，因为有负担，他们必须去工作。当然，也有人开始思考人生的意义，给自己一个新的选择。

1996年，日本富士电视台的《悠长假期》电视剧，由时年二十四岁的木村拓哉主演。故事情节大概是这样，由山口智子饰演的一位名叫叶山南的模特事业不顺，婚礼当天被悔婚，并被骗光积蓄，被迫加上无奈，叶山南与未婚夫的室友——失意的钢琴家濑名秀俊——同住。濑名秀俊建议叶山南把目前的失业状况当是“神赐予的长假”，那不是惩罚，而是奖赏，改变心情鼓励自己。在同样的一间房里，当你打开另一扇窗，会发现窗外不一样的风景。

我在四十岁时看了这部电视剧，颇受激励，因为新换了工作，就像是刚换新跑道，我仍然处在挣扎的阶段。《悠长假期》播出后，获得了压倒性的评价，成了一部经典的日剧，至今仍深受欢迎。这部剧播出之后，日本社会出现了一个有趣的社会现象：学习钢琴的男性暴增。勤勉工作的日本社会，也同时掀起了“长假现象”。

音乐家不会退休，他们直到心中没有音乐才会停止

《悠长假期》播出迄今已超过20年，然而如今失业者的处境，比起过去那个年代更加严峻，因为工业4.0的进程加快，这些上了年纪的失业者，确实不易追赶上网购、外卖、资源共享、知识商品音视频化，甚至AI时代悄然到来的步伐。未来学的学者一再警告、恐吓年轻人要跟上时代的脚步，否则，你还没进入市场就会被淘汰。

其实，2013年在澳洲旅游局推出“世界最棒的工作”的甄选活动之际，每一个上班族就应该有警觉心了。活动选出的最棒的工作是野生动物看护员，获选者的薪资为5万澳币，外加5万澳币作为生活费，他们将在澳洲展开为期六个月、人人称羡的梦幻工

作，包括品尝美食、沙漠越野、漫游雨林和看顾野生动物等。

这个号称“世界最棒的工作”引起全球的骚动，甄选过程长达两个月，首先需要参赛者上传30秒自我介绍短片到YouTube，举办方挑选150人进入第二轮；到第二阶段，参赛者在两周内争取媒体曝光、拼人气，并争取获得名人推荐；最后仅18人进入决赛，每组3人，赴澳面对各项挑战并预先体验工作。

上传30秒自我介绍的短片到YouTube是重点，当时很多人尚未意识到，这个以影像呈现的自我介绍新方法已经与人们一起跨入了一个新时代，它取代书写邮寄、网络中介、猎头机构，借助新媒体公开透明地竞争。它标示着未来我们需要的人才，不是那些只会坐在办公室的精英，而应该带有一股野草的强悍。

这些学者口中的新时代，如果是那些被资遣的资深员工所要面对的未来，坦言讲，真是令人却步，情何以堪。时代的竞争快速翻新，以七年为一个时代，如果没有跟上，你可能马上就会变成农业社会的族群。所以，当你的工作类别消失，你自然就被剔除出新的社会之外，这个失去真是令人沮丧，也让人无能为力。在脱轨的地方待久了，你应该察觉潜孤独已经隐身在你的影子里了。

冷静一下，不要慌，新的媒体方式固然重要，但是天无绝人之路。电影《实习大叔》（*The Internship*）和《实习生》（*The Intern*）虽然是好莱坞式的娱乐片，但也隐藏了严肃的话题：在科技之后，人性依然重要，而且是不可取代的。2013年上映的影片《实习大叔》，电影剧情是两位四十多岁的大叔，平日以销售手表为正经工作。忽然失业之后，为了重新整顿人生方向，证明他们没有落伍，两人一同面试加入了谷歌公司的实习训练，与二十出头的黑客精英、科技新贵短兵竞争，争取正式录用的机会，在竞争过程中需要他们创新并且与时俱进。

2015年上映的影片《实习生》，讲的则是由罗伯特·德尼罗饰演的七十岁的主人公班尝试走出丧妻之痛，旅行、瑜伽、下厨、园艺、学习中文等方法通通无效之后，他以“以影片介绍自我”的方式应征网购时尚服饰公司的高年级实习生，并被意外录取，被指派为由安妮·海瑟薇饰演的创办人朱尔斯·奥斯汀的私人助理。故事诙谐，但是影片中所谈的种种向上管理能力，却是资深传统工作族的资产，重要而且珍贵的资产，不是任何新科技、新产业能取代的价值。除了这些老派管理与新兴工作之间互融、再创新之余，有一些对话也值得咀嚼。

朱尔斯·奥斯汀纳闷地问班：“为何你总是能在对的时刻，做对的人，说对的话，做对的事？”班回答：“做自己觉得对的事情，就不会错！”面对失业、退休之后的新挑战，虽然辛苦，但是如同影片中班的格言：“音乐家不会退休，他们直到心中没有音乐才会停止，我心中还有音乐，这点毋庸置疑。”

维持热情生活的态度，才是对失去最好的回击，也是潜孤独最好的止痒药。再引用电影《实习生》里所说的：“退休是一个永无止境、尝试发挥创造力的过程……相信我，我试过所有的事情，不过人生的空洞只能靠自己填补，越快越好。”

一个人的旅行

在独自旅行中做“孤独练习”，找到和孤独恋爱的火花

香港导演林奕华如此定义旅行：不是一个人去的，不叫旅行，旅行的目的是重新学习如何做一个人，从不怕孤单开始，所以旅行就是修行。职场与家庭之外的第三场景，是旅行，这是孤独练习的好时机。旅行中，有人，有景，有新奇的事物，有些是喜欢的，有些是有感觉的。我喜欢阅读旅行里一切的细节，像是读书。不读书，行万里路不过是邮差。旅行，追求的不是征服，而是沿途所隐藏的知识，为世界的多彩多姿喝彩。

有一位台湾企业家面对即将到来的七十岁，同时面对即将到来的第二次退休，他说，他与一群员工去北海道旅行，同游一天之后，他选择脱队，独自一人搭乘新干线抵达东京，展开十天限定版的退休初体验。这十天不制定缜密计划，不需要有特别目标，仅让自己信步在东京街头，在熟悉与陌生的城市游走。

独自到处走走逛逛，他说他在练习孤独。到了旧市区，他看到日本老师傅手绘的广告牌，一帧一帧细细欣赏，那是古早味

的生活场景，反映了日本早期文化演进的概况。看得有滋有味的同时，他也想到台湾地区早年的电影广告牌，瞬间启动了旧时回忆……独自漫步或驻足，他想要重新翻腾一遍，重新去感受与观察……他说："我在学习到了这把年纪一个人时，该如何自处，却不孤立于人群。"

他在东京旅行十天，定位自己是体察文化的观察家。在近郊的小江户，那里保留着江户时代的日本风貌，来自各地的游客熙熙攘攘，他观察着游客怎么玩转小江户。把所见所闻用手机拍下来，以照片当是观察日记，他静静地体验，激荡起内心一些想法，也思考着自己的退休人生。有群人退休后喜欢到处游山玩水，补足过去辛勤奋斗时的缺憾；有些人则当志愿者持续贡献社会。能够适当地自我学习退休步调都是好事，至于我自己呢？如果能进一步思考"透过既有专长"让自我价值延伸下去，退休后的人生也能发挥更大价值。

阅读了这位企业家退休前的心情，预习孤独与行动尝试后，我也在想象我的未来，也同样思考着以旅行的方式，练习孤独的思维。一个人的旅行，真好！它可以强迫自己，透过在旅行中观察、反省、碰触、欣赏细腻，最后明白，一个人的旅行，可以找到和孤独恋爱的火花。

先来说说什么是细腻。有一间制造日本米酒的小厂，经过现代生产方式之后，决定回归古老技艺，用木桶酿酒。比起现代制酒设备，老工法的过程更加繁复深奥，但是酒质会更加柔滑细腻。这些为数不多的匠人，全力以赴，在最关键的发酵时期，每天以厂为家，虽然想念家人，但是他们也乐于全心全时地投入工作。酿酒的工作顺利结束，在庆功的聚会里，经营者决定将人数从5人增加到7人，理由是，为了下次酿酒工作内容更细致，酒香也能更加深邃。

工作可以细腻，人生也可以细腻。文化的细节看得到，生活的细节也就察觉了。

一个人的旅行，处在静心的状态下，所见所游，会变得不同。透过观察幽微细节，思考也会深入。当旅行结束，可能会有更多追求前进的热情，这就是追求卓越的态度。我是这样认为独游的价值的。

2017年深秋，我在西安开始一个人的旅行。星期四早上，独自走向大唐时期玄奘法师所创建的大雁塔，从酒店踽踽出发，手举着单反相机，欣赏整排苍郁梧桐行道树，好奇当地人早餐的肉夹馍，欢呼水池旁银杏那满树黄灿灿的秋叶。我刻意走慢，沿着大雁塔高墙旁的街道，有人刚刚以大毛笔蘸水在地上的方格青斗石书写唐诗，一笔一画的楷书写得好看极了，字迹随着晨光的照射，熠熠发亮，晨风拂过，水痕渐渐消失。看完了街头书法，我也细细地品读着写在街边一根根柱子上的唐诗，一字一句，都在低吟大唐盛世的心事。

高墙的枫叶已经红透，阳光灿烂，秋风惠畅，我享受着这样的文化细节，享受着独游的时光。南广场有陕西大叔独自背着腰鼓，独自跳着当地流传千年的乡土舞步，而我静静走在大雁塔下，也慢慢攀爬上塔。一阶一阶，我察觉到当年那些来登塔的大唐进士的风采，墙厚塔高，我在猜想他们是否也跟我一样气喘吁吁？细腻，要有想象力。一个人的旅行，我静默地享受孤独，也幻想过往的唐朝诗人，与他们比肩并行。

从快乐到幸福，都是人生很高层次的修养

首先提出快乐思想的古希腊哲学家伊壁鸠鲁，认为最大的善，是驱逐恐惧、追求快乐，以达到一种宁静且自由的状态，并透过知识，免除生理的痛苦，降低欲望。他说："快乐是无痛苦和灵魂的不受干扰。构成快乐生活的不是永无休止的饮宴、舞会、美色和餐桌上的山珍海味，而是清醒的理性。"

东方的快乐哲学，没有唯一定义，也无绝对答案。孟子说"万物皆备于我矣，反身而诚，乐莫大焉"，意思是说我本身没有什么缺憾，我反省自己，有无对不起别人的地方，没有比这个更大的快乐。有人列出人生四个阶段所拥有的不同的快乐是：幼从名师为学、少与美女定情、壮与英雄共鼎、老与方丈论交。第四个快乐就是"长者如书"，举手投足尽是智慧，如同金色太阳，用乐观与厚道鼓舞周遭。我有幸认识几位这样的长者，这种"与方丈论交"的快乐，我懂，也感激。

失去快乐的能力，是一件惊悚的事，却是容易发生的事。现代人如何定义快乐？精神科医生说“快乐可以是一种狂欢、一种满足、一种欢乐、一种放松、一种喜乐，也可以是一种宗教的境界。但是，最重要的是，真正的快乐是完全属于自己一个人的”，并最后强调“快乐，一种很高层次的修养”。精神科医生在门诊时常问：“通常，在什么样的情形下，你最快乐？”再问：“你可以快乐到忘我吗？”

再进一步说幸福，有人定义幸福等于快乐加上有意义。佛学强调从生活中得到的幸福，就像旅途中遇到精彩的人和事，正如：“没有通往幸福的路，幸福本身就是路。”

理解了正能量的快乐、幸福，也必须懂得情绪的万般模样。如果有一个“情绪门诊”，里面应该包含悲伤、恐惧、迷惑、寂寞、嫉妒、背叛、忧郁、疏离、愤怒、不安、愧疚、失落……

寂寞是情绪，而孤独，是一种神秘状态，它可以让我们深触内在世界。情绪，会深深影响我们；孤独，却是静好，你会在某个点得到灵感。有人独自到异地旅行，回来后总会问：“一个人旅行孤独吗？”答案因人而异，但总结来说：时而感到孤单，时而感觉到世界都在你的手上；寂寞的时候想要有人陪，热闹的时候又怕吵。然后他们在途中都会自问：“是否与人分享才算快乐？”

从思考进入孤独，再由阅读离开孤独，进出自如

如果，我们独自一人在陌生的国度旅行，是否可以暂时不理会孤单，勇敢咀嚼孤独?

我认识一位建筑系的教授，几年前，他对刚刚结束大一课程的建筑系学生提出要求：暑假期间，选出三天，自己独自旅行，去那些自己没有去过的地方。不要结伴，也不要有多余的通讯行为，想象自己正处在十多年前尚未有网络与手机的年代。独自去看、去听、去走不熟悉的小镇、荒野、水边、山麓等等，不算壮游[①]，却是一种独处能力的训练。这也是很棒的自我学习过程，自己跟自己对话，是细腻的自我思考的方式，独游三天，可以算是独处训练的开始。

教授说，希望未来，这种独处经验可以帮助他们习惯孤独，甚至喜欢孤独。而孤独正是我们在学习、思考、创新过程中，与自己内心深处保持接触所需借助的一种心理状态。他说，希望大家在了解孤独是怎么回事后，能够进一步懂得“我们因为阅读，方知不孤独”。从思考进入孤独，再由阅读离开孤独，进出自如。

---

① 壮游，指胸怀壮志地游历。一般旅游时间长，行程挑战性强，与人文社会互动深，特别是游历经过规划，需以高度意志彻底执行。——编者注

有人错过了年轻时的壮游机会，也少了独游经验。如果，已经到了中年，有机会面临人生第一次一个人的旅行，试问，还敢这样去做吗？我母亲六十岁时守寡，除了偶尔登山踏青，与朋友们的群族活动明显变少，七十岁之后更是屈指可数了。就这样，她从一个人不去逛街，渐渐变成她不敢一个人逛街、不敢一个人去餐厅……最后，向往自在飞翔的心，仅仅寂然地偶尔跳动。

2011年夏天的某一日，我受邀到埔里山城分享关于“旧建筑·新美学”的心得。前一天，我与母亲先到日月潭过夜。记得当年春节吃团圆饭时，听母亲谈起她已经六十多年没有再游日月潭，上次去的时候还在就读台中女中，那时只有十五岁。事实上，她多次谈起自己的少女时代以及对日月潭种种美好的回忆。于是，我决定利用这次机会，邀家母在伊达邵的民宿过夜，好好地陪她畅游阔别一甲子的日月潭。

重温旧梦，或是初游一处名胜古迹，总是让冷寂的心，有了兴奋跳动的理由。下午三点多，云很厚，将雨未雨，我开着车，开始顺时针方向环湖。如果下雨，日月潭的景色会有一番烟雨之美……我们沿着环湖公路前进，右边的湖光，左边的山色，车速很慢，我想让母亲多多欣赏绿湖青山。几公里后，抵达了青龙山的山腰，那里有一座玄奘寺，拾级而上，没有其他游客，庭院几株高耸苍绿的小叶南洋杉与铺满地面的细小白石子，干净整洁，显得更为空寂与肃穆。因为文史调查的习惯使然，我开始端详殿内四周陈列的文物，自己安静地在殿内移动。

母亲与住持聊着，住持很亲切，好奇地问我们是何种关系？因为方丈没看过这种组合：一位五十多岁的中年男子，一位七十好几的老妇人。我远远听到母亲带着骄傲的声调答说，是大儿子带她来日月潭旅游的。我有点心虚，五十多岁了，才第一次带母亲出来旅游，惭愧。

母亲在六十年后旧地重游，我该问问她的心情。可惜，当时没有这样的体悟，而今她已经处于中度失智，当年的母子日月潭之行完全不记得了。我曾经想过，二十多年前父亲逝去后，如果她能自己勇敢地一个人去旅行，一个人到日月潭寻找她少女时的记忆，享受另一种人生，让自己的生命在某处转弯，她现在又会是什么样子？

关于旅行，我想，就是要去找寻那颗失落的寂静之心

手机上天气预报的软件显示今晨十三摄氏度。我冲泡了一杯咖啡，准备读取朋友寄来的十六人旅行小团的相邀信息“明年春樱缤纷的季节”。内容颇令人心动：

> 旅行，应是一段美好生活的延伸。入住房间极少的特色旅宿，享受不同城镇的生活美学，轻松步调深入参观隐世美景，让自然敲醒心灵。行程中留下足够空间，

让旅人找寻旅行的意义。

我看着信息里所附的精美照片，那些曾经在航空杂志上出现的日本梦幻旅游景点，配合着文字，颇是心动：

春临，一期一会，绝美森与海、京都。

赏，京都美山町的茅葺部落；

寻，日本威尼斯伊根町；

探，贝聿铭所设计的美秀美术馆；

访，苍茫云海间的天空之城：竹田城迹。

反复看友人传来的信息，也仔细端详那些精品旅宿资料与令人惊艳的樱花风光，尤其行程终点落在京都醍醐寺，当年征战一统天下的丰臣秀吉，晚年时曾在此举行了盛大的“醍醐赏樱宴”，粉樱满树骚动，樱风徐徐抚过。这个旅行计划真是令人向往心动！喝了几口咖啡，听了几首音乐，刻意让自己蠢蠢欲动的心暂停一下，我开始思考这真的是我向往的旅行吗？

如果现在四十岁，这真是美哉之旅；如果现在五十岁，这则是丰盛之旅。然而已经六十岁了，我想它应该是天堂之旅……我想，我应该选择没有樱花的缓慢之旅……

日本一间已经有一千三百多年历史的“法师旅馆”，位于石川县栗津温泉，创业于公元718年，是在日本奈良时代，由古越国一位三十多岁的泰澄大师所创设。当年他来到灵峰白山的山顶，眼前尽是荒凉，他想，如果在这里建了庙，恐怕也没有人来礼佛上香。大师下山时，在山麓偶然发现密林深处的栗津温泉，是一处药泉。他想，下雪天露天泡汤会让人感觉特别舒服。为了造福大众，方便行旅，泰澄大师便决定在泉边开设一家旅店。

如今，旅店由八十岁的法师善五郎继承，他是“法师旅馆”第四十六代店主。他说，家训是“学习、无常、少欲”。在一次采访时，他说：“（‘法师旅馆’）并不是我创立的，而是上一任经营者留给我的，我此生最重要的任务，就是好好保存它，把珍贵的部分交给下一代，继续传承下去。”然而这么多代的传承，除了佛法信仰，他们全都相信这处温泉曾经帮助了无数孤独旅行者，熨平了他们起皱的灵魂。

四十六代人，传承经营这间千年旅馆，真是梦幻！不是积财而是积德，用溪声款待旅人，用人文守护传统。同时，他们也守护着人们在旅行时最美丽的孤独灵魂，这才应该是我现在需要的缓慢之旅呀。

享受吧！一个人的旅行，任何季节都可以出发！

2010年的美国电影《美食，祈祷和恋爱》（*Eat, Pray, Love*），讲述的是一位女作家伊丽莎白·吉儿伯特的回忆录，剧情描述的是她在离婚后周游世界的过程。电影里的女主角由茱莉亚·罗伯茨饰演，影片名字有两个关键词：享受，一个人。我想它应该开启了许多女性心中的浪漫想象，但是实际上，这个浪漫想象往往粉碎在责任感与太多的自我设限里。即使男性也是如此，不是吗？

写作，是我近年的劳动方式，独自旅行则是我选择的生活方式。近几年，为了践行这一劳动方式和生活方式，例如写作《旅食小镇》，我就是带着相机与笔记本独自穿梭在台湾南北之间。美食仅是借口，带着筷子去上历史课和地理课才是我的目的。

几年前在Facebook上，我分享了家乡竹山的旅行活动信息：

> 这几年，我积极地在台湾的许多小镇旅行，去探索我们有什么。倾听台湾的故事，途中认识了新朋友，他们都很棒，并且热爱故乡，他们对自己生活的小镇有许多眷恋与付出，渐渐地，做出了一些成绩。一些年轻人回来了，甚至更多的人也从都市来此旅居，把他乡变成了故乡。
>
> 南投县的埔里、水里、鱼池、集集、鹿谷与竹山等小镇，从“九二一[①]”伤痕中走出，花朵重新绽放，露水

① “九二一”指发生于1999年9月21日的台湾集集大地震，地震震级为里氏7.6级，并伴随多次强烈余震，造成严重的人员伤亡及经济损失。——编者注

继续爬上叶子，希望的晨曦再次播撒大地，小镇重新站起来了。其中也包含了台湾许多角落的小镇，它们正在不疾不徐地改变中，这也让台湾变得更好……记录新生的小镇，是我独自旅行的开始，也是我新的生活方式的开始。

近年，我开始有计划地每年变更不同的生活方式，同时也定调退休后“写作是我的劳动主旋律”。于是，我用属于自己独自旅行的方式，决定书写内容。其间，有了“古城老树，一个人的旅行”的概念，从2016年开始执行计划：去山西太原晋祠看周朝时所种的3000年古柏，去西安看唐太宗所种的1400年古银杏，去山东曲阜看孔子所种的2500年古桧树，去苏州看文徵明所种的550年老紫藤，去常州看苏东坡所种的千年红藤……一个人的旅行，带着些云游修行僧的仪式感，去端详那些历史老树，也去思念当年种树的人。于是，我的旅行从夏季的长风里、秋天的清晨里、春天的薄雾里——出发。

今年初秋，我和一位年轻的建筑师聊天，谈到一个人的旅行，他说当年在德州大学奥斯汀研究所上课之际，有一位教设计的老教授，在课上提到他自己年轻时独自旅行的经历，这位教授所谈的内容让他印象深刻，我也有幸一听。

老教授说，以前一个人当背包客，就是为了要到法国东部偏僻的小镇看勒·柯布西耶[1]设计建造的廊香教堂。廊香教堂是勒·柯布西耶生平最具代表性的作品，同时也被公认是二十世纪最好的宗教建筑。许多学建筑的人，往往把廊香教堂当作是“圣堂”。

上课的时候，老教授叙述着年轻时他是如何从火车转搭公交车的，到达小镇已经是晚餐时间，便找了一家便宜的旅馆，在当地人介绍的餐厅吃了晚餐。吃饭过程中，和当地居民聊着这个有名的教堂对他们生活上的影响与改变。一个人的夜晚，老教授喝了好喝的法国红酒后，就愉快地去睡了。

第二天早上，天还未亮，老教授独自一人慢慢往山坡上的教堂走去，一路上感觉离小镇越来越远，却离教堂越来越近。到达山坡后，第一道清晨的阳光也刚刚洒下，回头一看，远方的小镇正慢慢醒来。教堂就伫立在眼前，他在教堂的周边观坐了许久，才肃然走入室内。这时，他独自一人静静地感受从窗户透进来的光线……仿佛是来自上帝的力量。

一个人的旅行，可以自在，可以如老教授这般精心安排戏剧性的静美。我想，若不是缓慢的旅行，很难感受到令人难忘的诗意。

2017年11月，我来到了西安，体验一个人的旅行。旅程的最

① 20世纪最著名的建筑大师、城市规划师、作家。现代主义建筑的主要倡导者，“现代建筑的旗手”，同时也是功能主义建筑的泰斗，被称为“功能主义之父”。——编者注

后一天，刻意起了个大早，单独前往西安的大清真寺。这座西安城修建最早的清真寺，当地人也称之为“化觉巷清真寺”，坊间传闻始建于唐天宝元年（公元742年）。现存的建筑群是明清时期修建的，位于西安古城里的回民街附近，幽幽瘦长的深巷，可见到一些伊斯兰教民生活其中。游客寥落，我独自闲步在偌大的寺院，聆听这座大唐寺院的鸟鸣，感受老树群与旧建筑之间的晨光。

又走了几步，我独自休憩在米芾[①]书法的古碑座旁，从背包里取出水，慢慢喝着。当下，我忆起了那位奥斯汀学院的老教授，他年轻时独游廊香教堂，真是静美自在。

面对生命伤痕，中年唐伯虎一个人的疗愈旅行

年华老去，始终都是人类的生命课题，严肃，无奈，而且回避不了。只是，第二次世界大战后的婴儿潮，让地球人口开始快速倍增，彼此更加拥挤，但人际关系却更加冷漠。齐豫所唱的《答案》里，有这样的歌词，“天上的星星为何像人群一般的拥挤，地上的人们为何又像星星一样的疏远？”因为人口增长，产生高压竞争，分配的资源变少，老人们所面临的社会问题更加严

① 米芾（1051—1107），湖北襄阳人。北宋书法家、画家、书画理论家，与蔡襄、苏轼、黄庭坚合称“宋四家”。——编者注

峻。所以，我们需要不断认识新出现的老人问题，也要强迫自己适应更多未知的老年生活。

现代人，或是说现代都市人，长年埋首于工作，专注柴米油盐。白驹过隙，忽然而已，当他们抬起头，才猛然察觉已是白发满头，青春已逝。些许悲鸣，些许感伤，更多是对未来生命即将消逝的茫然，原来变老是这么容易的事，忽然不知这剩下的日子要如何过下去？

梳理自己对快乐的认知，看似简单，却是脚步凌乱，不知有什么好乐的。长年蜗居城市，人们早已经丧失对清风明月的感知能力，也隐藏起了曾有的童真与诗意，他们以有限面对无限，仅能同意苏格拉底所说的："我唯一知道的就是我一无所知。"

怎么做？我有一个主意，就是设置"孤独管理学院"，应该将其作为中国国民义务教育的一环。我们都知道预防胜于治疗，所以我们要预习老去，不要自己傻傻地面对山穷水尽，却不知该做些什么。这样才不至于让自己的晚年孤寂枯萎。

我倡议，六十岁，要强迫自己开始新的学习，那是接受另一种义务教育。正在老去的人们要开始学习保养自己的生理与心理，要懂得养生，要规划养心。养生保健就是延迟肉体老化，养心却是调整心态的人生新功课，它需要畅然修补过去我们疏忽的"自在"，这是生命态度的重新回归，找回温柔，找回诗心。

我以为，一个人的旅行绝对是办法之一。

《周易》中有一卦"离"，说的是情感的依附。卦辞说明：

美丽的火焰，就是要依附在薪柴上才能熠熠燃烧；声势惊人的水泷，也要依附在千仞高山悬崖的“瀑布半天上”，才能“飞响落人间”。

依附，人生在世不可能不依附其他。多数人一辈子依附亲情、友情、爱情，有些人则依附于思想信念、宗教信仰、哲学信条。看看古人的老年孤独样貌，有人依附晒日、小饮、种地、音乐、书画等生活小事：欧阳修老年自乐读书；陆游老年自称惰农，就爱赖在竹床听鸠语闹；陶渊明老年采菊东篱下；白居易则是整夜未眠，静听冬雪下落的声响，那是沉重的厚雪把翠竹压折的劈裂声音；柳宗元清晨独游江边看蓑衣客钓鱼；元稹老年开民宿谋生，喜欢把环境弄得“户牖深青霭，阶庭长绿苔”。

唐伯虎则在一连串顿挫之后，找到了释放心灵的力量，也懂得自在依附“无常”，自称“六如居士”。所谓六如，源于《金刚经》：“一切有为法，如梦幻泡影，如露亦如电，应作如是观。”说的是一切事物，皆是缘聚则生，缘散则灭，变化靡常，执着不住，如梦、幻、泡、影、露、电一样，似有似无，皆为虚而不实之相。

来说说唐伯虎吧！“唐伯虎点秋香”是后世小说家杜撰的故事，他其实命途多舛。唐伯虎幼时慧黠早熟，才气纵横，二十五岁前游戏人间。二十五岁时，父亲去世，没过多久，母亲病故，一阵慌乱后儿子竟也早夭，爱妻徐氏撒手人寰，连他嫁到外地的小妹也自杀了。一辈子的好运都用光了，悲伤的唐伯虎不知所措，哀痛无处可诉，终日长歌当哭，转而嬉游无度，行为甚至更加怪诞。之后半生坎坷，偶尔振奋却又重重摔倒。

三十二岁的春天，唐伯虎独自一人去旅行，那是一场“孤独千里大流浪”。流浪或是归隐，都是过去文人自我梳理思绪或是暂时解脱的方法。不见得想独自一人，只是不想被打扰。他乘着一叶扁舟游历了许多地方，这段孤独的苦旅，途中留下许多创作，他在游历之地绘了《函关雪霁图》《落霞孤鹜图》等堪称代表作的山水画卷。唐伯虎在《落霞孤鹜图》的左上角题诗：

画栋珠帘烟水中，落霞孤鹜渺无踪。

千年想见王南海，曾借龙王一阵风。

诗中的“王南海”就是唐初的诗人王勃，他的代表作品之一《滕王阁序》有“落霞与孤鹜齐飞，秋水共长天一色”的经典名句。唐伯虎借用王勃作品中的典故，流露出他对王勃少年得志的羡慕，而对自己的创伤与困境则暗暗惭愧，甚至为自己的坎坷鸣不平。

唐伯虎这趟一个人的旅行，不是自在，而是自怜，他的悲怆成就了艺术，却也增添了他的惆怅。这次独自旅行的结果，仅是让他接受过去的挫败，让伤口结痂，但没有让他云淡风轻。他仍有梦想，他的生命仍要淬炼。

五十岁唐伯虎“玩月”之旅后的顿悟——“诗心疗愈”

几次创伤过后，人生依旧困顿，唐伯虎回到苏州继续挥毫卖画，和风细雨过日子。直到惊觉自己已经五十岁了，于生日当天，写下《五十言怀诗》。他说本来还觉得自己是个童儿，怎么四十九个年头就这样过去了。五十岁对古人而言已经算是老年，更何况唐伯虎的余命仅剩六年不到，他对于猝不及防的五十岁生日的到来，感慨万千。

就在自怜五十岁之际，旧友盛情邀请他到无锡剑光阁“玩月”，诗酒盘桓。唐伯虎欣然前往，在无锡小住十天后，他偶然在书案上看到《山静日长》字墨一则。那是一篇散文，原为宋代罗大经所作，“山静日长”原指山中静寂，时间过得很慢，文章里写，在山中闲居，清淡却自在。唐伯虎细读文章颇受触动，他神游其中，将文辞意境化为十二幅图。

唐伯虎心境已非十八年前独游那般，他绘出了内心所向往的山水之旅，空旷幽深，清润秀雅。这十二幅画完成不久，王守仁也恰巧飘然来到剑光阁访友，两位天才彼此慕名。初次相见，一位五十岁，一位四十八岁，执手相谈。甚欢之余，王守仁开心地答应在这十二幅画上题字。他从早上到黄昏顺畅写成，以“山静日长”作文，分为十二段小文，呼应每一幅画的山水意境。

王守仁在书法上的造诣可称是明代四大家之一，作品以行草为主，他在这十二幅画作上挥洒，抒发俊爽之气。而反观唐伯虎，却在阅读《山静日长》的文字后以绘画回应。他得到了疗愈，对生命的自在多了一份真诚的理解与实践。

我不想在此列出《山静日长》的原文，只是整理字里行间所透出的恬淡态度。一段小文字，一则生活小事，看似孤寂的日常，却是精神丰富，诗意飞扬：

第一幅：午睡初足

第二幅：随意读书、史与诗

第三幅：从容步山径

第四幅：坐弄流泉，漱齿濯足

第五幅：欣然一饱山妻笋蕨

第六幅：弄笔窗前

第七幅：兴到，则吟小诗

第八幅：再烹苦茗

第九幅：展所藏的法帖、墨迹、画卷欣赏

第十幅：倚杖柴门看夕阳晚霞

第十一幅：在溪边与老叟闲谈

第十二幅：听听牛背笛声……日子平凡、平淡，却是诗心洋溢。

养心，是自我心理建设的大工程，与其等待社区大学或是慈善基金会创建、设立、开办种种微学分供人进修，不如先在自己的内心“建校”！自己提前预习老年孤独、独居生活或是失智退化，等到真的老去后，才可以自在享受。

一个人的旅行，是仪式、寻找、等待，也是学会自由进出孤独之法

一个人的旅行，有时是自由的起点，我们一边寻找，一边看见，眼睛扫描着所有的人间风景，脑海爬梳着所察觉的整体生命意义，头顶有时会飘着几朵有关人生哲理的文字云，这是感性旅行家的优势，让人羡慕。

一个人的旅行，可以培养自在与诗心，从时间管理到孤独练习，从诗心萌发到孤独管理。我以为，一个人的旅行，可能是第三次重生的契机。

第一次出生，是离开母亲的子宫；第二次出生，是青春叛逆期，我们离开了父母的“思想子宫”；第三次出生，不论是青年、中年或是老年，透过一个人的旅行，那将会是一种仪式、一种寻找、一种等待，我们将学会自由进出孤独。

退休后，用诗心管理时间

没有提前准备好的退休生活——“停杯投箸不能食，拔剑四顾心茫然”

我认识一位长辈，十多年前他届临退休，因为没有任何心理准备，也无退休后生活即将大改变的想象，所以日子顿时变得相当难熬。我回忆那一段日子，因为他早年家里经济拮据，从年轻时便一路专注于工作，即使成家立业了，一样夙夜匪懈地埋头工作。终于在七十岁时，决定退休，把工作事宜交给下一代。退休的日子渐渐逼近，他却依然孜孜工作，直到交棒那一天才停下来。第二天早上，抬起头来看看四周，蓦然想到没有工作的自己以后的日子该怎么过？李白在《行路难》这首诗中所写的“拔剑四顾心茫然”就是当下的写照，前一句“停杯投箸不能食”，也传神地说出了他的窘境。

他问我打发时间时能做什么？我建议他莳田栽花，他答“我不会！”看书消遣，“我识字不多！”打球健身，“不会也不想！”旅行登山，“浪费时间！”邀友闲话，“没有至交！”

那……不妨到公园走走，一个人散步，也可以散心。我向他推荐百年公园，那里老树郁郁苍苍，湖水碧绿，杨柳垂腰。他说他去看看。

三个小时后他回来找我，我问他逛得怎么样？他答不知去公园能做什么，足足在湖边长椅呆坐了两个小时。我问他有无看到长风把落叶吹起？有无小孩在旁嬉戏？阳光下是否树影婆娑？或许还有几只飞鸟掠过水面？没有，统统没有！他什么都没有看到，只在那里枯坐，煎熬，枯等两个小时后回来……我无言以对，当下情形让我深深警惕，因为我看到他将面对漫长的濒临过程和只能默默等待的无助。

历史学家、国学大师钱穆，也是教育家。年轻时，他担任后宅初级小学的教职，讲授小学四年级的作文课程。有一天，他带着学生，拿上稿纸和铅笔去到一处古墓松林，那里有百来株的老松，他要求学生各自在一棵树下，静观四周形势景色，写下小文，写完后，大家轮流说出自己的观察。钱穆说："今天的风声跟平日所听闻的有何不同？"学生倾听一阵。之后他向大家说明："此风因穿松针而过，松针细，又多隙，风过其间，其声飒然，与他处不同，此谓松风。"

一个人与一棵树，把这样的孤独静处当作给自己的奖赏。小学四年级学生要习得，年轻人、中年人甚至退休的老年人也要习得。

学会玩，培养几个终身的嗜好

春去秋来的职场，我也渐渐接近未来退休的日子，偶尔会想起孔子的“四十不惑，五十知天命，六十耳顺”的人生节奏……这是孔子深刻的人生时间表。虽然，过去我细数过身边长辈们退休后的岁月，鲜少如此优雅自在，但是我相信“孔子的人生进行式”一定有迹可循。

四十岁那一年的跨年夜，我开始在笔记本私密地写下今年的十大事件，里面有自己的工作大事、家人的生活大事、孩子成长的大变动等一些以自己为轴心影响未来的事项，不知不觉记录了二十年，这个有趣的习惯成了我时间管理的方式之一。近日，我将自己二十年来的记录全部摊开，有了非常清晰的生命动线，线条抑扬顿挫，说明自己的生活上下起伏。我心里有些警惕，也有些欣慰。

那些书写事项都是自己的秘密心事，偶尔翻阅，总有岁月如梭的感慨，同时也会有“今年呢？今年我要创造哪些可以书写下来的事项？”的想法。有了这样的企图心，便成了不可救药的“过动症”[1]，我会问自己：“还可以再走多远？余下的人生还可

① 即注意力缺陷过动症，会引起注意力缺陷、活动量过度及容易冲动等表现。——编者注

以多宽广？”

可是，仅是旗正飘飘，像是修行者过日子，每天矢勤矢勇，必信必忠，对我那也太不可能了。人生还得有其他的思想信念才是。有人学佛养心，有人学道养寿，有人学儒养德，也有人天天摸八圈[①]，有人勤写书法，有人组团上山下海。活得开心，也是道理。

2017年9月，龙应台在“风传媒”发表了一篇专栏文章《青春迷惘后发现的十三件事》，文章洋洋洒洒，她说其实题目里的“青春后”，精确地说应该是“中年后”。后篇有一段，她写道：“学会玩，培养几个终身的嗜好；否则，有一天你退休了或者工作被人工智能拿走了，你就一无所有，是一口干涸龟裂的池塘。世界上最穷的人，是一个不会玩、没有嗜好的人。当你老的时候，就是一个最让人不喜欢的孤独老人，因为你像一只干燥的扫把，彻底无趣。”她说得直白，却是真理。

掌声退去的孤独，退休者的寂寥

其实不用等退休，孤独往往在不寐的深夜轻易现身，与你一起守夜。

从社会新闻或是娱乐新闻报道里，不难察觉有些站在聚光

---

① 指打麻将。——编者注

灯下的名人在掌声寥落时，那种排山倒海的寂静常常让他们透不过气来，于是便邀三五好友继续寻欢作乐，有对酒高歌延续兴奋者，有吸食大麻寻求飘飘然者，当然也有岁月静好酣然入睡者。他们或许太年轻，掌声来得太早；他们或许太成功，掌声响得太高亢；他们或许太幸运，掌声显得太迷人……

余光中曾编过这样一条手机短信："私德犹如内衣，脏不脏自己明白；声誉犹如外套，美不美由人评定。"我也模仿写了几句：掌声犹如春雨，落不落由天安排；孤独犹如头疾，痛不痛自己明白。

不谈娱乐圈里亮丽又虚幻的掌声，说说那些从事业高峰或是功成名就中急流勇退的人。现在的年轻人都说"裸辞"！迄今我还是钦佩能做出这样断然举动的人，因为割舍实在难，离开后的全然孤寂更是令人畏惧。裸退是毅然离开令人成瘾的掌声与聚光灯，如同断绝精神鸦片，确实不易！而且离开后的孤独，必然填满你曾拥有的精确空间。

领着小薪水的上班族，或是一些专业工作人士，甚至公教人员①与创业者，面对春去秋来、岁月更迭的某一天，当你要收到退休蛋糕了，你有想过它的外观设计、里面的口味会是什么样吗？蛋糕上要写些什么？有一位退休老师，他的退休蛋糕上写着："这世界没有无缘无故的爱。尊重不是给的，是赢得的！谢谢老

---

① 对机关工作人员和学校教职员的合称。——编者注

师！光荣退休！这里永远是你的家，欢迎常回家！”

终究有一天我们会离开舞台与掌声，不管是否心甘情愿。你可能会优雅转身，信步远去；也可能会仓皇退去，落荒而逃。人生变量太多，不要再为自己设太多的关卡和框架。许多社会学家告诉我们：“检视自己的生命需要，面对自己的不足与难处，是中年时期开始与自己进行对话的功课。”

从退休日子，谈重新决定日出的位置

退休前半年，我曾想过未来的生活要怎么安排，只是起了念，还没细想就略过了，没有任何具体的办法与计划，仅仅飘过一个念头：我要睡到自然醒！说真的，我开心地期待自然醒的生活状态。

三月，退休日子来临了，第一个星期的作息却令我出乎意料，有点失控。每天自然醒的时间比平日上班的时间还早，上班时还得设定闹钟，再挣扎个几分钟，现在竟然早了一个多小时就清醒了，想赖床都觉得罪恶。我自问这是怎么回事？过去人们常说长夜漫漫，难道现在我退休后的日子是“白日慢慢”？

我开始思考时间管理这件事。以前自己是公司的高级管理职位，当然对于所谓的时间管理的七个方法知之甚详，甚至从企管书本、工作经验中有了几个衍生的技巧与心法。鱼是从眼睛开始腐烂的，所以内行人看鱼的新鲜度是通过鱼眼睛；如果企业出现经营危机，甚至倒闭，问题都是出在公司负责人身上。现在，我是“一人公司”的负责人，首先必须做好时间管理。

于是，重新决定日出的位置，成了我时间管理的新工程。

2004年，日系品牌“无印良品”正式进驻中国台湾。当年打出了“回到单纯”的品牌广告：简约，没有过多的东西。不干扰物质本身的初衷，理解并尊重每一种素材，在机能上做到尽可能的干净、友善，固执地相信美好的使用经营重于一切，擅长减法，纯粹生活，这就是无印良品的一切。

我也设定好我退休后的生活，开始做物欲减法，纯粹生活，美好地使用时间，保持健康的作息，自律，生活要简约，但是思想要博杂。做时间的主人真好，可以赖床、颓废、放空，甚至是无所事事。当然，我也明白美国政治家基辛格所说的：“节制，是有权选择的人才有的美德。”

我想试试在退休后，品尝到自我知识进化的甜美，我也不知可以走多远。索性迈出第一步，我开始把“美第奇效应”（Medici Effect）放入日常，企图让退休的日子转弯。

所谓“美第奇效应”，说的是15世纪意大利佛罗伦萨的美第奇银行家族，资助了众多领域的创作家，有雕刻家、科学家、诗人、画家、建筑师与金融家等，让他们彼此在佛罗伦萨交流、学习。这个过程所引发的化学效应打破了不同文化的框架与界限，他们所合力创建的新观念世界，后人称之为“文艺复兴”。而不同领域交会的地方，现代人称之为异域碰撞点。

我现在有时间在家读诗了，有更多的时间可以自由安排，读书、旅行、交友、喝酒、在家写作、外出采访、看电影、看球赛等。退休后，每天就是“与自己生活”，我把它转念成，未来的日子，就是一个人的生命旅行。因此，我想在生活里应该加入冒险与挑战的元素，试着创造出新的成就，避免日子变得稀疏、颓废。

挑战是一种心态，如何能从其他领域吸收养料，尝试新的创作、书写与思考？如何广纳多元文化，打破联想障碍？如何任由思想漫步，寻找不同关系……想到有这么多新的如何，未来应该很忙碌吧。与冒险接轨，跳脱惯性思维，接触不同文化，用不同方法学习，扭转假设，发现不同世界，在生活中放入“美第奇效应”，应该会与之前的生活产生有趣的异域碰撞点。这是我的退休宣言，出发吧！

我准备了许多笔记本，并在封面写上不同领域的项目：地理历史、哲学人文、孤独管理、金融经济、文学欣赏、时事评论等，把听闻、阅读、想法、杂知识分别往里面丢，用手书写，记录累积。认真运作已经熟稔的横向思考，这是我年轻时就读数学系最大的学习收获：找到不相干事件的新关系。最后，再自问：“我应该贡献什么？”

以前的上班岁月，压抑是生活的必然，时间属于家人和工作。等到逐渐老去，到达幸福的年纪，一些人的时间解放了，却不晓得如何使用，呈现失控的荒废状态。因此，现在时间管理新工程的目标与概念都有了之后，我还需要找寻新方法。

时间管理的抽象概念里，必须保有像是液体的诗心

在时间管理中，对退休者来说有一种简单易懂的“余命管理”方法，但是挺吓人的。它是列出你预估目前自己还能活多少年，以月为单位来计算，画出排列整齐的格子，一格就代表一个月的时间，一个月结束就划掉一格。如果现在五十五岁，根据台湾相关部门公布的2016年的数据，人的平均寿命是80.2岁，其中，男性为77.1岁，女性为83.63岁，代表余命还有二十五年，也就是拥有300个空白格。如果扣掉最后50格——生命中最后的一抹余晖，因为这样的年纪也许有很多病痛，只是偶尔还可以晒晒太阳——那么有效的空白格约是250格。

岁月流逝，你会看到划掉的空格越来越多，剩下的越来越少。惊悚倒数，你一定会认真对待每一格。你还会迷失、疏离或是寂寞吗？当然不会！焦虑，那是任何时刻应该要有的！

课堂上，有一位教授向学生们解释“时间”一词。他拿出一个大玻璃容器放在讲台上，不疾不徐地放入大石头，一个又一个，等到瓶子快被装满时，他把手停在瓶口，问：“满了？”学生们回答：“满了！”这时，教授又拿出小石头，轻巧地倒入大石头之间的隙缝里，眼见小石头也快把瓶子填满了，他再问：“满了？”有些学生回答：“满了！”但声音变小变稀疏了。教授再从讲桌里拿出一罐细砂，重复着刚才的动作，把细沙倒了进去，沙子慢慢填满了大大小小的石缝。第三次问：“满了？”学生们都不敢回答了。只见教授再拿出一壶水，倒入大玻璃容器，花了一点时间才真正把这个容器注满。“满了吗？满了！”

玻璃容器就是我们每天24小时的时间。一天里会发生很多事，有些是大石头或是小石头，有些事则是细砂或是水。工作谋生、受教育、睡觉休息、看电视、上网、享受恋爱的烛光晚餐、交际喝酒，这些是大石头；洗碗、家务、准备早餐、刷牙洗脸、上班等车之类的日常琐事，是小石头；发简讯、等红绿灯、上网看一下新闻标题、打几个喷嚏、喝一口咖啡、乘一次电梯上楼、打一个疲困的哈欠，是小细砂。

关于时间管理的这个论述非常有意思，它把生活里的动作细分，也表达了时间被一分一秒归类的道理。对于退休后的时间管理，我认为我的24小时需要被重新解读与架构，它应该有新的意义。

首先要以更高的视野调整自我心态，理解每个人的人生是不同的：有悲，有欢；有幸运，有不幸；有孤独，有饱满。时间对于所有人来说都是公平的，1小时都是60分钟，但是每个人度过时间的方式是不同的，有高生产值的，有卑微空白的，有漫长饱满的，还有眨眼之间的……我应该如何决定自己的时间质量呢？

日本的单亲妈妈家庭有二分之一在贫困线之下，她们活得辛苦；印度尼西亚烟草园非法雇用大量童工，最小的只有八岁；叙利亚内战，难民人数剧增，七年来境内有660万人流离失所，逃往国外的超过400万……看到了他人的苦难，再回头自观你的生命处境，一来一往，对于时间质量的认知会多一份理性，少一份不必要的感伤，知道人生有诸多问题，学会知足，感恩活在当下。

大小石头和细砂的道理懂得了，最后看看玻璃容器里面的水，它应该就是呼吸、氛围、光、冷热、声响、风的流动……我将它解读为“非寂寞形态的液体”，像是乐观开朗、自由思想、美学感受等丰富心灵的“诗心”。所以，当明白了“液体时间”这个道理，会自然察觉它的无所不在。它让自己在忙碌一天后，有了“精神静置时间”，像是开了一瓶红酒，而我的这份诗心，需要安静地醒酒。液体时间也提醒自己，敏感察觉时间像流水一般，浸淫着我们，然后悄悄流走。

所以，对于退休后的时间管理与孤独管理，我们应该严肃思考如何去面对。把人生剩余的时间当作一个整体去思考，它们其实很有意义。退休后的孤独，不该只是一个寂寞黑洞。

美国1997年上映的科幻电影《超时空接触》（*Contact*），由朱迪·福斯特饰演的女主角艾莉，是一位搜寻地外文明的科学家。影片中有一段她独自出行的奇妙旅程，孤独的超时空旅程中的画面尽是漫天星辰，瑰丽缤纷，目不暇接。盛叹之余她说道：“太美了，无法用语言形容，应该派一个诗人来。”

我不是诗人，以后也不会是，但是永葆诗心是我所理解的

“抗迷失、抗疏离、抗寂寞”的最佳免疫系统，锻炼诗心则是孤独管理的好方法。因为它多了观察细节、学习欣赏，这使得我们可以在退休后的迷雾中，看清路途。黎巴嫩诗人纪伯伦曾说：“我们已经走得太远，以至于忘记了我们为什么出发。”我认为，饱满的诗心可以让我们看清真相，记得初衷，也多了些无畏。《华严经》里写“莫忘初心，方得始终。初心易得，始终难守”，这也是时间管理这项大工程里应有的态度，难在坚持，贵在坚持！

我在退休后的时间管理工程里，继续享受生命、品尝生活、参与公益。当下，我的生活安定、安逸，岁数虽然有些大了，却更懂得静下来，用诗心品尝现在的状况与余命，没有抱怨，自在孤独。

电影《超时空接触》里的异次元外星人，幻化成人的形象，安慰着女主角，我也理解为他是在安慰所有的地球人：“只有接触，才不会寂寞。你们是很特别的生物，人人都不同，但却一致地感受到失落、空虚、疏离、孤独。其实你们并不孤独。”这一番温暖的话语，令我印象深刻，刚刚退休的我，再三咀嚼，也悟得，这正是指引我勇敢下去的一条路。

五六十岁的你能做什么？

懂得“非寂寞形态的诗心”，我把一些时间分配给了“教书公益时间”。

在大学给学生兼职上课，我教的是“古人的易经智慧与现代的管理哲学”，每个星期二的下午，向年轻的学生分享杂学问，趣说过去多年职场的心得与对未来趋势的观察，希望填补学校老师未教的社会经验部分。

英国最近出现“现在去教书”运动。虽仍在实验阶段，未来发展将会如何，目前尚不知晓，但是这项运动获得的回响，远远超出预期，上千名五六十岁的律师、医生、银行家乃至电影工作者提出申请。他们先经过筛选，再进行教育专业训练，取得教师资格，然后通过学校行政高层的面试。第一年，约有百名中年社会精英准备进入中学当实习教师。这项运动并非方便一些退休者寻找工作的第二春，或是和年轻的教师竞争职位，而是让退休的他们也能身体力行地回馈社会。这是社会宝贵的人力资源的“保存与再生”，也是经验传承的接棒方式。

五六十岁的你能做什么？“现在去教书”运动提出了一个新选项，让退休的人可以向年轻人传授他们的工作智慧，传承他们的宝贵经验。退休之后的人生选项，不应该仅是组团旅行、种花莳草、在家练习书法或是在公园散步而已，也要让他们能参与改变社会的活动。比如从教育做起，让他们以成熟的人生经验，加上热情与信念，进一步实现自我价值，那么学校教育与社会接轨的这个难题，也能迎刃而解。

五六十岁的群体，回馈社会的心意，浓烈于以往。他们的情绪反应跟年轻时不一样，在乎与不在乎的东西也不同。

有人借助文学比喻，把人生分为几个阶段。首先，十岁上下是“童话”时期，天真无邪，无忧无虑；二十岁左右是“诗词”时期，有敏感多愁的心，热情澎湃，任性自在；三十岁左右进入“散文”时期，少了轻浮躁动，不再感情用事，理性与感性已经兼备；四十岁左右属于“经学”时期，讲究逻辑，以严谨的眼光省察事物；五十岁则属于“哲学”时期，喜欢思考，会认真推究精神价值；六十岁以后就进入了“神学”时期，因为知交零落，进入“哀乐中年”的阶段，开始正视生死问题，多了宗教思想及人生慧光。

网络上热烈讨论着“哀乐中年”这个话题。所谓哀乐中年，原来自谢安，他对好友王羲之说：“中年伤于哀乐，与亲友别，辄作数是恶。”这是形容人到中年，对亲友离别的伤感情绪开始变得浓烈，也因此有了“哀乐中年”一词，它说明了中年人还不太能接受悲伤的事情，但是对于应该感到快乐的事，也少了兴高采烈。这是事实，届临这个年纪的我，从职场退休后，必须实事求是地承认：我不一样了，我变了。

我曾在一位诗人的Facebook上读到他的心情：“有时候，一件你期待很久的事，终于办成了。喜悦有之，但你发现自己并不激动，陡然生起的心念是：不恨古人吾不见，恨古人不见我寂寥耳……”我知道这是他哀乐中年的状态，那是一个自己不曾熟悉的生命新阶段。

如同上个月在一场文艺活动中遇到一位老友，跟他多谈了几句，他问能不能帮他介绍一位心理咨询师，因为他不快乐。事业卓然有成令人艳羡，理想也朝着既定的方向稳步前进，可他却担心自己失去快乐。在一旁的友人看他，人生有很不错的成就，却不如以前开心了。他以为自己有抑郁症，这个担心已经困扰他许久，却无法与家人谈起。

我也到了哀乐中年的年纪，该怎么办？用诗心管理时间，这是我正在执行的方法，希望可以自信一点，就像是美国一位资深新闻主播丹·拉瑟所说："把灯光调暗一点，派对才开始嗨呢！"

关于"时间银行"的观念，退休者应该深思

杂志上有一篇关于瑞士"时间银行"的文章。我试着简化了一下文章的概念，这个"银行"放的不是钱，而是时间！但是所存放的时间却像钱一样，可以交易！用我的时间，换你的时间。

时间如何存放？一般而言，退休之后，一直到需要有人照顾的年纪之间，还会有数年甚至数十年的健康（或是准健康）状态。"时间银行"鼓励健康的人们，在这段时间内，将自己空闲的时间拿来照顾那些已经需要受照顾的人。你照顾了别人多少时间，就可以如数存放在你"时间银行的存折"里，所累积的这些时间数，持续累积增加，甚至还可以产生利息。直到有一天，当你需要被他人照顾之际，就可以"提款"出来，换来别人的照顾，以时间计量。

许多专家都认为，这个创意符合目前时代发展的需求：居住地点的变动很大、很频繁，家庭结构也在变化，目前的家庭关系与过去相比，已经有很大不同，不能完全指靠家里人了。2012年，瑞士开始推动“时间银行”计划，这是针对高龄化的人口结构问题，国家在政策和法规上的积极作为。如今，瑞士用“时间银行”来养老已蔚然成风，这不仅为国家节约了养老开支，还解决了一些其他的社会问题。目前，美国、英国与日本，已经有相应的组织正在运作，中国大陆还没有运行“时间银行”，台湾地区有些地方正在尝试推动。

我们可以透过佟才录在Facebook上发表的文章，窥探其中运作的方式。作者说他在瑞士旅居期间，住在一位六十六岁退休老师克里斯蒂娜的家里。期间，他了解到她的经验，原来，克里斯蒂娜退休后，觉得自己身体依然健康，仍充满活力，于是就想做些有意义的事。刚好她所在的圣加仑市推行“时间银行”养老，她就到当地社保机构的“时间银行”申请照顾老人。

工作人员帮克里斯蒂娜找到服务对象，八十七岁的独居老人利萨。她每周去利萨家两次，每次两小时，帮老人做些家务，推着轮椅带老人出去散步，去超市购物，陪老人聊天，等等。在她服务满一年后，“时间银行”会将她过去的工作时数统计出来，并颁发给她一张“时间银行卡”。等到有一天她病了或老得不能动的时候，她就可以凭着这张卡去“时间银行”要求支取时间和时间利息（举例：她服务了100个小时，最终可能得到120个小时的照顾）。审核、验证过她“时间银行卡”的信息后，社保机构就会依她的需求，指派专业社工到医院或她家去照顾她。

这个观念的倡议者是一位美国人，名叫爱德加·卡恩，他是伦敦经济学院的资深研究员，1980年，他四十六岁时经历了心肌梗死。经历过生死攸关的时刻，卡恩多了对生活的理解，也多了对社会服务的深思。

他创立了“时间银行”这种模式，希望这种模式能为社会带来一些经济和精神效益。根据这种模式，劳动不分贵贱，每个人的工作时间都是平等的。在他看来，不管是盖房子，还是照顾小孩，这些工作都是平等的。卡恩还设计了“时间银行”系统，透过计算机可以把每个工作者的工作时间或接受服务的时间按小时记录下来。这个“时间银行”从最原始的观念发酵，到有了“增量”的概念，也多了另一种“存量”的做法。它可以让人们把闲置的时间转换成财富，让自己的善举可以被转化为量的累积，最终让未来的自己得以“消费”。

“时间银行”的养老观念，渐渐被大众熟知，甚至参与。据瑞士养老调查显示，有一半以上的瑞士年轻人希望参加这类养老服务。而“时间银行”不仅节省了不少国家养老开支，由于大量民众的参与，研究单位发现因为有人陪同，“驱赶老年的孤独感”是另一个惊喜收获。施者与受者都是赢家。

这个观念从1980年萌发，至今全世界已经开办了超过1000个时间银行组织。它的功能，适时弥补了家庭照顾能力短缺的社会，人口老龄化程度较高的国家及地区体认到了及时雨般的系统的可贵。我则更深沉地思索着，“时间银行”应该成为我们时间管理的其中一环。

除了志愿者的公益付出，退休者的读书会也是一种选择

有些朋友宣誓他们要退出Facebook了，主要是要戒掉网络成瘾的习惯，他们开始尝试回归生活。随着视频设备越发便捷，人们已经深刻察觉，也开始自省曾经的沉溺，“关掉”是行动的开始。他们刻意离开网络世界，避免沉溺在虚无的人际关系里，开始回到过去“抱团取暖”的生活中。他们笑着说：“再也不要像是一群刺猬，因为它们必须彼此疏远。”

所谓抱团取暖，原意是指在寒冬季节，人们抱在一起，相互取暖。比喻互助协作，积聚力量共度最困难的时期。现代的抱“团”取暖，指的是有组织的团体。各种单一目标的组织已经行之多年，宗教志愿者团体、公益团体、关怀老人团体、中辍生[1]教育辅导团体等等，近年种类更加多元。

最近二十年，台湾地区蓬勃发展起五花八门的读书会，也是属于抱团取暖的一种，从原来一起拼升学的、单纯读兴趣班

---

① 指中途辍学的学生。——编者注

的，从单纯完成阶段任务的，渐渐发展成紧密的人际关系组织。成员人数不等，有个位数的，还有上百人的，读书项目五花八门。基本上，兴趣班的读书会，旨在让人们在团体里继续不断地学习新知识，他们标榜着“和同好分享知识、交流情感，花少许的金钱与时间，让生命更为宽广，让视野更为开阔”。一些资深的读书会创办人，谈着最初的创办经验：“成立读书会，一定要有喜欢看书的人作为中坚成员，加上有相关经验丰富的人做核心成员。”当然，热心的会员更是不能少。近年，我常常有机会受邀到一些读书会去分享“作者的角度”，谈谈书写内心的幽微想法。所以，对读书会也多了一些观察与心得。

大家共同阅读、探讨一本书，除了撷取知识的甜美之外，读书会成员经常会“剖心”，当众说着平常不敢讲的事情、内心深处的秘密、年轻时的甜蜜恋情，或是生命或工作中的成败与困扰。自己的心路历程，会随着读书会热烈的讨论气氛而流露出来。参加读书会是终身学习最好的方式，读书会一方面提供了可以躲避孤寂的心灵港湾，另一方面让自己的孤独冬天不会那么苍白，也许还会在漫长的寒冬里，发现绿叶一二。

其实，人过中年，我们依然适合阅读，而且收获更丰。苏辙说：“少年读书无甚解，晚年省事有奇功。”老年虽然记忆力减退，但经过岁月的洗礼，人生阅历的增加，对于书本里的道理，反而更加深入圆融。清代的张潮说：“少年读书，如隙中窥月；中年读书，如庭中望月；老年读书，如台上玩月。皆以阅历之浅深，为所得之浅深耳。”

我曾经看过澳洲的一项研究：参加读书会或教会，可能增加退休后的寿命！这是一个吸引人的好标题，我兴致满满地关心这项研究。报道说：“研究者搜集了424名五十岁以上退休者的资料，研究长达六年。结果发现，人们退休后，依然有参加像是读书会这样的团体的人，他们问卷调查的分数比较高。反之，退休后，悄然离开各种团体的，这份问卷的得分则少了10%，甚至死亡率增加了28%。研究显示，预测死亡的关键因素并非健康，而是取决于参与团体活动的次数与频率。这个研究的核心意义是探讨“退休者孤独感的强度与浓度”，是应该疏离团体，还是参与其中呢？研究者们建议，参加教会是一个选项，但是读书会能提供更好的“非家人间的沟通”。

印象派画家梵高在一封信里曾谈道：“和别人一样，我觉得我需要家庭和友谊，需要爱，需要和朋友沟通。我不是铁石心肠，不是消防栓或路灯柱。”读书会确实值得在退休者之间推广，那是彼此扶持和学习的“桶箍”，它把众多的木桶板兜在一起，然后紧紧地箍成一个大木桶，所有人都可以共享桶内的知识甜汁。

一生二身——在一生中经历两个不同意义的生命

六十岁退休是个尴尬的年纪，或明或暗有“已经没有那么多时间了”的焦虑，有人坐困愁城，有人带着有勇无谋的热情。有些日本人倡议“一生二身”的态度或是作为，意思应该是，在一生中经历两个不同意义的生命，我在许多退休者身上看到一些与这个观念相关的有趣例子。

有一位《朝日新闻》记者退休了，过去因为记者的工作性质特殊，需要随时待命，没能和太太长时间好好相处，现在退休了，昔日习惯“单兵作战”的夫妻二人，必须重新学习在一起过日子这件事。最后两人决定移居西班牙巴塞罗那，开店维生，目标是做一个豆腐冒险家。于是，夫妻二人开始拜师学艺制作豆腐。他们齐心协力，准备了12万欧元的退休金，最终真的在异国街头开了一间日式豆腐店，日子忙碌，生意不错，在异国街头感受着另外一番生命滋味。

这是不同生命哲学的实践方式，我开始寻找这样的人。

《浩克慢游》这档节目，作家刘克襄与我共主持了三季，共34集，在得了“电视金钟奖”之后，本来预计继续录制第四季，却因为刘克襄已经担任公职，此事只能暂停。闲不下的我，另有想法，如果能开办一个关于“一生二身”的新节目，会是何种光景?

未来的节目里，我希望继续在台湾各个城市旅行，不是探访小镇景物，而是寻找一些退休者，他们正经历着与以前迥然不同的生命旅程，甚至拥抱不同的意义。他可能是一位语文老师，退休后“华丽转身”成了植物染织工作者，从种菁、蓝染开始，拓展小镇文创品类；他可能是一位退休的小镇医生，现在正忙着发展水耕蔬菜的栽种；他可能是一位工程师，退休后在小镇老街成了小家电的修理医生，店铺里有许多老人聚集，他们拿来已经无法继续运作的吹风机、电扇，坐在店中等待或是闲谈，彼此开心地互相陪伴，而店的另一边有一间咖啡小铺……我想，如果这样的画面成真，一定很温馨。我想去采访这样生活着的人们，梳理他们第二个生命意义。

这些退休者的人生新经验，一定有值得关注的地方，甚至有一些人会从中得到启发。

最后，夜读叶芝的诗句，熨平起皱的灵魂

树叶虽多，根却是唯一。
青春岁月虚妄的日子里，
我如阳光中的叶子与花一同招摇。
如今，且让我枯萎成真理。

Though leaves are many, the root is one;
Through all the lying days of my youth.
I swayed my leaves and flowers in the sun;
Now I may wither into the truth.

君子乐独

没人看着你时，你独自一个人会变得怎样？

星期六下午，我上网寻找新上映的电影清单，看到了艾玛·沃特森和汤姆·汉克斯主演的科幻片《圆圈》（*The Circle*），二话不说，直接点开观看。《圆圈》是一部讲科技与隐私的电影，拍摄的顺畅度略微不足，但是题材发人深省。电影是根据戴夫·艾格斯在2013年出版的同名小说改编，讲述了科技会为人们带来无穷的便利与好处，但水可载舟亦可覆舟，网络仍存在泄漏个人信息的风险，人权成了不可回避的问题。

电影播出之后，有一次艾玛·沃特森在接受媒体访问时呼吁："少在社群媒体上分享自己的生活点滴。"她还说："就像电影中一样，现在大家都在疯狂'直播'，但你到底知不知道，公开自己隐私的代价是什么？这个问题希望大家深思。"这是她的警觉，也是电影所要传达给人的思考。

剧情的转折点之一，是由艾玛·沃特森饰演的梅与"环网"这家互联网科技公司的负责人——由汤姆·汉克斯饰演的贝利——

进行约谈后，加入了公司的摄影机实验，开始全天候直播自己的生活，公开所有的隐私，与全世界分享她的经历，让全世界观看她的一举一动。故事最后，追踪与监视成了未来预言的噩梦。

然而，梅为何会做出这样的抉择？她当初为何会顺从公司的安排全天候直播分享自己的生活？令她做出这一决定的契机是，当时她深陷沮丧情绪，偷偷独自划着独木舟出游，天气突变，风浪大起，到了生死攸关的时刻，她因为“无所不在”的监控系统最终获救。之后，她在一场大会中与负责人对话，其中有一段话，关于“她想要让独处的自己，变得更好”。

负责人贝利问年轻的梅：“当有人看着你时，你觉得自己表现得更好还是更差？”梅轻松地回应：“更好！毋庸置疑！”在讲台上，两人发生了一些简单的对话，贝利要求梅对着大家说出几天前所说的“独处时的自我察觉”。

认为独处就是秘密的梅说道：“就是秘密……让犯罪在遮掩之下发生了。当我们不必负责时，会更不守规矩，我会处于最糟糕的状态，因为我以为没人在看。我以为，自己仅是一个人。”梅认为在四周无人的状况下，对于自己来说，就是无人知晓的秘密独处，我们容易犯罪。

《中庸》里所言的“君子慎其独也”，是古人的道德自律

“自己仅是一个人”，那就一个人！当下没有人看到我！自己像是透明人存在于他人的视觉之外，于是没有拘束，没有包袱，没有框架规矩，也没有道德束缚。提名2000年奥斯卡“最佳视觉效果奖”的电影《透明人》（*Hollow Man*），估计许多年轻人没有看过，虽然一些影评分数不高，但“有一天，人可以变得透明，外人无从察觉”的主题却令人难忘。

对于电影之后的思潮，有人进行了问卷访谈，采访了一些人：“如果你能变成一个透明人，有效期三个小时，你会干什么？”这个问题，有解放人们深层原始欲望的意味。不出所料，一半以上的人都说：“会去做坏事！”人性的黑暗面往往在别人看不到时蠢蠢欲动。如同许多文学、艺术创作，面具之下的情欲探讨，许多人变得勇敢了，许多不堪的事在面具之下恣意发生。不被别人看到，道德似乎跟我没有关系了，因为可以躲在他人窥探不到的城堡里。“三个小时的透明人”的问卷，让你暂时抛开一切理性知识、家庭观念、道德伦理……想要暗中试一下与道德无关的行为，这真是一种淬炼人性的大考验。

我们承认，人在他人察觉不到的独处之际，往往会浮现诡谲的孤独念头，有绝望孤寂的，有不怀好意的，有徨徨不知所措的，像是放在慢火加热的奶油块，一点一点融进了心底。于是古

人把“君子慎独”放进了儒家的道德观念里，成了自我修养的功课之一，那是很高的修身境界。

《礼记·中庸》里写：“是故君子戒慎乎其所不睹，恐惧乎其所不闻。莫见乎隐，莫显乎微，故君子慎其独也。”其中的“不睹”就是不被看到，“不闻”就是不被听到，“慎”是指小心谨慎，“独”则是个人独处，所说的“慎独”之际，即是独处中，更要谨慎不苟。这段句子的解释，需要我们小心理解。

自古以来，“慎独”作为一种道德自律，一种无监督情况下的自我约束，人们常常提及它的重要性。慎独，说的是即使个人独处于幽隐之地、细微之处，别人看不见、听不到、发现不了，也要谨慎戒惧，严于律己，不做非礼非法的不道德之事。

明朝有一则“曹鼎不可”的慎独故事，字句不多，内心戏却是波涛汹涌。说的是曹鼎为泰和典史，那是检察刑事的小吏。因捕盗，获一女子，甚美，目之心动。辄以片纸书“曹鼎不可”四字，火之，已复书，火之。如是者数十次，终夕竟不及乱。

用白话来说，曹鼎在一次捕盗贼的行动中，抓到了一名绝色女贼，由于离县衙路途还远，两人夜宿在一座庙中。月光下，女贼活色生香媚眼横波，她为了逃生，不断引诱曹鼎做男欢女爱之事。有点心猿意马的曹鼎，为了强迫自己抵住诱惑，写了“曹鼎不可”四个字贴在墙上，提醒自己不要逾矩。

过了一会儿，他想，荒郊野外四下无人，谁能知晓？于是把纸条扯下烧掉，欲越门而入，当下此刻，他又感到不妥，因私欲而废公法的行为万万不能，于是把脚步缩了回来，重写一纸贴上。又过了一会儿，歧念又生，心想她是犯人，我做了此事，谅她也不敢声张，于是纸条又被烧掉。可是刚要进门之际，良知又起：非礼非法，借端借势是不道德的，一阵内心挣扎后又把纸条贴了回去。曹鼎就这样贴了又烧，烧了又贴，折腾了一晚上。最后，理智战胜欲念，曹鼎终于挺了过来。慎独不易，曹鼎关键时刻内心的激烈拉扯，天人交战，如同与盗贼兵刃相见，凶险无比。

老子说："见欲而止为德。"邪生于无禁，欲生于无度。四下无人的独处时光，别人看不到你的所作所为，往往容易让自己松懈，甚至变得毫不顾忌。所以，《中庸》所说的"君子之所不可及者，其唯人之所不见乎"，在别人看不到的地方用功，就是这个意思。

古人习惯在室内的西北角设置小帐，放置神主牌龛。《诗经·大雅》有言："相在尔室，尚不愧于屋漏。"也就是无愧于祖先的意思。屋漏地方偏僻，是最不容易被人看到的幽暗之地。屋漏工夫，说的是君子在不被人看到的地方，做事仍当谨慎，不能因为别人看不到就为所欲为，或是毫无作为。

离婚后的寂寞母爱，不自觉地开始向孩子情绪勒索

我熟识一对夫妻三十年了，当年他们结婚时，我还是伴郎之一。他们五年前离婚，因为双方成长的速度不同，导致无法继续做夫妻了，夫妻二人在孩子长大后，决定和平分手。离婚前，两个人都没有预料到，重新进入单身的生活模式，适应与调整会是如此艰辛。离婚后夫妻二人花了好大的力气，才走入各自的新生活。男性友人因为积极投入工作，不让情绪不断地倒带，婚变的创伤很快结痂。

女性友人却久久没有走出“空巢阴影”，心里知道前夫已经不是她的什么人了，但像溺水时慌乱摸索浮木那样，用力地抓紧两个女儿。孩子都已经工作几年，在令其不适的母爱之下，她们分别找理由逃出了母亲的家，宁愿赁屋他处，挣脱母亲窒息的控制，图个自由。

成了重度宅女的独居母亲，作息变得日夜颠倒，饮食也不正常，网络信息与娱乐成了她的生活重心。在寂寞与疏离之下，她与孩子在手机上联系时，多是几百字的长篇大论，内容多是数落不孝，并取消了她们在她保险的受益者位置，过年过节也拒绝孩子的探视。遭受背叛的念头不断浮现在母亲的脑海中……渐渐地，亲子关系变得冷漠而敷衍。两个孩子忧心母亲的精神状态，她们私下咨询精神科医生，得到的答案是，这是母亲的情绪勒

索！除非她自己愿意走入“阳光与小雨”中，否则，这样的亲子相处方式永远会随着母亲的情绪起伏不定，没有终点。

《阳光与小雨》是友人年轻时期的民歌，由潘安邦所唱，邓育庆作词曲。歌词简单，却是温润清新，在那个年代生活过的人都懂，也会哼唱：

如果有一天阳光不见了
世界会变冷什么也看不到
如果有一天小雨不下了
水儿不再流花儿也凋谢了
因为我们心中藏着一份爱
所以阳光和小雨会与我们同在
爱就是阳光爱就是小雨
阳光和小雨离不开我和你

另一方面，两个女儿跟父亲走得近，随时关心彼此，也分享心情与近况。偶尔，这位母亲会向前夫打听孩子们的近况，父亲的回应几乎都是模糊的答案。前夫明白，如果说得太多、太细、太甜蜜，会有更多副作用。精神科的医生都清楚有一种感情最强烈，那就是嫉妒！那是潜意识的负能量，像是月亮的背面，一般不为人所知。深层的嫉妒是最难理解的，哪怕是纯净无瑕的表情中，也有可能同时潜藏着嫉妒，更何况是孤寂背后的嫉妒。

每个人都是孤独而唯一的存在，找到自己的孤与独，为自己而活。这位母亲也应该如此，找到为自己而活的理由。我曾经跟她见面喝咖啡，小聊一下她的困境，感觉自己帮不上什么忙，只能说着“这种忧郁式的独处，像是漏气的瓦斯，看不到，闻不到，却在渐渐地杀死我们”。君子慎独，如果你无法负荷这样的窒息孤寂，那就走进人群吧！

我也建议，过去在职场表现优异的她，再看一次《奋斗的乔伊》（*Joy*）这部电影吧！影片里有一段话值得玩味：“因为，人开始过好日子后，常常就变了。我们靠着辛苦、谦卑与耐性，才走到今天。所以，你不要以为这世界欠你什么。”当人们开始困在重度独处的状态中，世界常常就变了，曾经的美好已经不见，曾经的平凡与不凡也不见了。我跟她说：“你不能一直怨怼，大家都没有欠你什么！如果你想要幸福，要自己重新想办法，再把好日子赚回来！重度独处，不能解决问题，只会恶化你自己，啃食你良善的心。”

独处是一种能力，并非任何人、任何时候都具备此种能力。独处并不是说你不会再感到孤独，而是说你会安于孤独，也应该安于孤独。

其实，她的执着太重，孤寂太深，过去五十几年属于人生胜利梯队，却没有能力面对孤独，现今又沉溺于寂寞之中，演绎一位受伤而悲哀的女人，只为了展演给过去爱她的家人看……真是可怜的模样，这值得吗？

人之所以需要独处，是为了进行“内在的整合”

极负盛名的散文家简媜描述的独处，牵涉到个人意识与情绪，她说：“独处，是为了重新勘测距离，使自己与人情世事、锱铢生计及去日苦多的生命悄悄地对谈。”这个论述非常贴近心理学者所阐述的独处状态，而且文字更美。

她也谈及自己与独处的关系：“独处，也是一种短暂的自我放逐，不是真的为了摒弃什么，也许只是在一盏茶的时间，回到童年的某一刻，再次欢喜；也许在一段路的行进中，揣测自己的未来；也许在独处进餐时，居然对自己小小地审判着；也许，什么事也想不起来，只有一片空白，安安静静地若有所悟。”

在英国著名心理学家安东尼·斯托尔所著的《孤独：回归自我》（*Solitude: a return to the self*）一书里，引用了温尼考特的见解，进一步指出那些缺乏独处能力的人，只具有“虚假的自我”，因此只是顺从，而非体验世界，世界对于这一类人而言，仅是某种必须适应的对象，而不是可以满足他的主观性的场所，这样的人生当然就没有意义。

从心理学者的研究观点来看，人之所以需要独处，是为了进行“内在的整合”。那就是把新的经验放在记忆里，然后收藏到某个恰当的位置，像是把新的小档案夹一一归进不同的系统档案，井然有序而不杂乱，避免产生格格不入的错置。学者们强调，学习，经过这一个内心感受的整合过程，新的印象才能自我消化。其实，没有接受过心理学训练的我们，都知道年轻时所受的教育或是不同阶段时的学习，最基本的就是学会“找到信息，整合信息，产生知识，增加智能”。

一路走来，新的知识与新的信息累积，都要通过系统内化的过程，才能增强我们的知识力量，以便我们更加灵巧地运用所学的基础知识。独处，有时是让我们内心渐渐强大的好方法，也是提升人生价值的关键时刻。独处，有时也是让我们纷扰的心情优雅平复的好方法。屈原在《楚辞》里的独处心情，或是宋玉在《九辩》里所袒露的，则是诗人的悲悯：

燕翩翩其辞归兮，蝉寂漠而无声。
雁廱廱而南游兮，鹍鸡啁哳而悲鸣。
独申旦而不寐兮，哀蟋蟀之宵征。
时亹亹而过中兮，蹇淹留而无成。

西方学者的观点显然与诗人屈原不同，他们用科学来定义独处。《孤独：回归自我》一书中也提到，无论活得多么热闹，每个人都必定有最低限度的独处时间，那便是睡眠。不管你与谁同睡，你都只能独自进入梦乡。拿破仑则说：“再怎么伟大的人，睡觉的时候也是一张床。”他是擅长孤独与喜欢孤独的人。“我生来与孤独为伍，性格左右着我的言行，也许，我将拥有统治世界的机会，世界的和平，将由我来创造。”有无独处的能力，关系着一个人有无面对社会的能力。

早年，老师评价年轻而孤独的拿破仑：“这孩子像块花岗岩。心里面如同火山，随时有喷发的可能。”对一般人而言，孤独并不可怕，可怕的是永远孤独。阅读、写作、沉思、创作都是孤独的，需要自己用心去完成，通常别人帮不了你太多。我想起那位离婚五年的旧友，好久没她的消息了，不知身为失婚母亲的她是否已经懂得“孤独是所有人的共同命运”，无须自我可怜、形容憔悴；独处的她是否明白，命运，也是大自然的恩典?

拿破仑的心智与志业因为独处能力而壮大，我们不是他，但同样需要独处，让自己变得更好。美国作家亨利·米勒自称“无产阶级的吟游诗人”，被视为“现代社会的文化暴徒”。他在《北回归线》（*Tropic of Cancer*）一书中说道：“我需要独处，我需要在孤独中，反省自己的耻辱与绝望，我需要无人同行的石板路与阳光，不需要任何对话，只需要在沉默中自我观照，倾听内心的音乐。”

人生胜利梯队的华丽婚姻，她离婚后的伤口比你想得痛

我想再聊聊一群特定的失婚女性，她们的独处，很痛!

电话发明人贝尔曾说：“看似众人称羡的初始，往往埋下郁

郁寡欢的晚景。”用心理学来分析他这句话背后的道理，其实是历经生命动荡、生活起伏的慨叹。精神科医生往往举人生胜利梯队人们的例子，那些拥有高学历、高社会地位、高经济所得，看似婚姻美满、家庭幸福的生活者……她们，多数的妻子们，内心多有一种说不清楚的隐隐不安。这个不安，反映在这些“三高”的女性身上，有不同的理由与真相，外人无法察觉，甚至她们自己偶尔也会忘记它的存在。

每个家庭都会面对柴米油盐的难题，有幸有不幸，大家都在红尘中汲汲营营，阅读每天的社会版新闻，永远有你我未曾想象过的新鲜事。不同于平凡的人们，这群不甘于平庸的贵妇族群，有更多的自我要求，却也多了一些虚伪。说说一次我受邀参加某位医生夫人的社交画面：有人亮出她新获赠的昂贵珠宝；有人“不经意”说着自己先生的新成就；有人讲着她的“苦恼”——儿子同时获得哈佛、耶鲁、斯坦福和麻省理工的奖学金，正伤脑筋不知该如何选择……

要谈的是，在那些华丽外表的婚姻里，有着看不到的隐秘挣扎。万一离婚，她们的伤口会比你想象中更痛。

来聊聊人生胜利梯队的婚姻生活吧，有的低调，有的平淡，有的却喜欢在别人羡慕的眼光里发光。因为刻意光鲜地展现，她们往往忽略了日常独处的学习，或是少了普通人的沉淀与觉悟。日子久了，夫妻双方都缺乏“一个人跳舞”的经验，长时间任由彼此的不同期待产生落差，渐渐地，二人的理念开始不适应，爆发语言冲突，而后采取冷战对策……这样的情形，几乎盘踞所有夫妻的婚姻生活。但是，在社交场所，往往又装作恩爱甜蜜。虚虚实实，真真假假，连自己都分不清楚了。

等用虚假堆砌的不安，多了，久了，成了“如转圆石于千仞之山”的危机之后，好胜的“负面位能”就太大了。有一天，当表面和谐也维持不住时，夫妻二人之间的问题就会如同一个大气泡，不经意间便爆发开来。事情发展到了临界点，就像是“乐高”，当抽取掉关键的一根积木时，它便瞬间瓦解崩毁，无法挽回。

为什么会这样？首先，婚姻不是表演事业，但是总有人喜欢过度晒恩爱，引人侧目，不真诚，把社交当成竞技场。然而，在自己的小日子里，私生活领域发生的大小问题，又会用隐藏逃避的方式处理，不去面对，不敢面对，也不知如何面对，怕丢脸是致命的原因。直到最坏的事情发生，像是冰山的冰棚突然坍塌，轰然剥落。据统计，其中有三项是主要引爆因素：一是孩子的教育问题出现了不可告人的不堪状态，比如偷窃被捕、企图自杀、吸毒、堕胎，或是殴打父母、学习严重退步等；二是婚姻裂痕出现无法弥补的情况，如外遇、家暴、家庭经济出现危机等；三是因为事业引爆的经济顿挫，像是躲债、破产、房屋被没收、生意遭遇重大失败等。

不管什么理由，如果婚姻走到打官司这一步，一旦启动诉讼，所有人都会被卷入漩涡，尤其因为官司的制度化，控辩律师处于对立之中，会造成冲突的极大化。心理学学者都知道，很多人对冲突的情绪反应，多是生气、跳脚，或是开启攻击模式，学者解释“这是因为内心的脆弱”，那种不自觉的自我防卫，往往会对别人竖起剑来。

我认识的许多看似恩爱的夫妻，当他们选择离婚，签下离婚协议书时，面对外界的情绪状态大多算是平和的。虽然没有“龇牙咧嘴”的冲突，但是接受离婚事实的私下情绪，妻子一方往往难堪而痛苦，日子漫长难熬。那些生活条件充裕、看似美满的婚姻破裂后，旁人总是惊叹“怎么会这样？”当事人则承认“没有认真经营，只能结束”，这样的话语，往往都是最后的掩饰……

老天真公平，把人世间所有的美好，都送给了她们，只拿走了“孤独自由”，既然拥有很多，付出也要对等。这些人都是一路顺风顺水地过日子，当婚姻出现问题后，她们往往一蹶不振，为何？我认为，她们婚前的生活总是一马平川，总少了独自面对自我的能力；婚后，爱面子让婚姻生活渐渐发生了变化，好胜的心态导致双方关系缺乏应变弹性，不足以适应低潮。离婚后的女性，害怕在社交圈“丢脸”，也羞于面对过去自己所塑造的华丽幸福的假象，躲藏便成了唯一的选择，孤寂则变成了唯一的朋友。

离婚后，她们耗费太多时间懊恼于在婚姻中关闭的门，却看不到另外敞开的门，以为月亮是夜晚的伤口。屡屡自问，当时说好的“王子与公主从此过着幸福快乐的日子”呢？其实，如果婚姻走不下去，潇洒说再见即可！我不解，她们怎么会有这样的心碎反应？

离婚，对现代人来说已经不是什么惊骇事件。最近几年的统计数据显示，台湾全年离婚对数为6万对上下（每年结婚约15万对），而且有逐年增加的趋势。社会学家说“现代婚姻的保鲜期缩短了”；婚姻专家提醒“莫忘初衷，回到当初”；心理学家则说“学会分离，才能好好相处”。离婚，没有善恶之分，只是一种社会现象。

我在父子两人的旅行中学得孤独若水，那是心灵之旅

一个人的旅行，是练习孤独的好方法；父子两个人的旅行，则是认识对方孤独的好方法。

与他人的互动和建立起的关系，是人的自我认知和存在感的一大基础。在网络时代，人际交流开始变弱、断裂，现代人的自我认知，逐渐消散崩解，而人对自身存在的焦虑和寂寞则盘旋在心中，挥之不去。

随着社交网络的普及，人们谈起寂寞和疏离，切身体会到人际关系的崩毁，开始有了相同的危机感。由美国社会学家林恩·史密斯-罗文主导的一项研究发现，现代人认为自己拥有的挚友人数，从三人减少到两人，这是一项令人忧心的统计数据。我们在社交软件上可能有数百名甚至上千名好友，真正的至交却没有几个。最重要的或许是，每十个人中，就有一人表示自己没有任何亲密的友谊。

寂寞和疏离，现代人正在与朋友渐行渐远。万一，也与家人变得疏离与陌生呢?

美国在2005年上映了一部电影《伊丽莎白镇》（*Elizabeth town*），在影片结尾，由奥兰多·布鲁姆饰演的男主角德鲁·拜伦，踏上了一个人与父亲骨灰的旅行，那是一场关于和解与重生的心灵之旅。第一次看这部电影时我泪眼婆娑。德鲁在旅行前，由克里丝汀·邓斯特饰演的女主角克莱尔交给他一本手绘地图，让他开车载着父亲的骨灰回家时参看，并叮嘱他在回程出发时才能打开。德鲁照着地图和上面的指示，载着父亲的骨灰开始前行，一路播放着克莱尔为他提前准备的音乐，那是旅程沿途的心情配乐。

翻开地图的首页，克莱尔标记着：你有五分钟先自哀自怜，自暴自弃，之后，继续往前……眼前，这条河流会汇入密西西比河……他的死亡是胜利的开始，过了桥，就能领略黑夜的灵魂……打开车窗吧，某些音乐需要新鲜空气……车子绕过去，去看看那株“生还者之树”吧……停车，你一个人在这里跳舞……

德鲁在几天的旅行中，想起父亲还在世时父子二人之间的种种回忆，悲喜交加，最后留下忏悔的眼泪。他面对父亲的骨灰坛自语：你有你的成功，我有我的失败……我们应该早一点一起开车旅行……

2017年，台湾设计展之“幸福设计在台南”的主办单位，问我能否提供一个对象代表“我的幸福”，他们会在主题展区与其他24人提供的资料一起展出。这是个大难题！我先答应了，然后开始搜寻“我的幸福”对象：一首年轻时的手稿情诗？一瓶珍贵的、一直舍不得开启的红酒？一幅好友相赠的精彩字帖？一只我在京都旅行时买的名家茶碗？一台我第一次在文史田野调查时使用的数码相机？一本年轻时收藏的集邮册？最后，我决定拿出一片薄薄的黑色屋瓦参展，上面写着：2009.11.21，苏州沧浪亭之瓦，黛瓦粉墙的江南。

那是当年与刚刚毕业于建筑系的儿子开启的第一次两人旅行，没有其他家人同游，仅仅我和儿子两个人前去江南。旅行前，我们分别计划着“最想看什么建筑”。儿子选择贝聿铭设计的苏州博物馆，我选择范仲淹创建的苏州文庙。短短几天的旅行，我们去了许多历史景点，也看了我们都喜欢的历史建筑，当然江南美食是少不了的……最后，我和儿子都觉得最棒的景点是沧浪亭园林。

沧浪亭与宋朝诗人苏舜钦有关，当年他刻意创建在好友范仲淹所兴建的苏州文庙对街，园林取意于《楚辞·渔父》中“沧浪之水清兮，可以濯吾缨；沧浪之水浊兮，可以濯吾足”，园林撷取“沧浪”一词命名。此园林的设计不同于其他高墙深园，园林外有一湾清流环绕，蜿蜒长廊把这野趣的绿意收纳，和园内翠竹摇影相掩成趣。

我获赠一片薄瓦于园内管理人员，回到台湾后小心妥当收藏，也收藏这次父子江南之旅的心情。儿子在旅行中看到了被列为世界文化遗产的精彩建筑，我则亲炙了年轻时的文学乡愁。然而，经过几天旅行的相处，我和儿子重新认识了“陌生”的彼此，对我来说，这是最大的幸福！

以这片薄瓦参展，我的心思是：人生之中，沿路总要创造一些美好记忆，不停地累积。偶尔陷入低潮时，总有一些东西，能提醒自己过去所经历的种种美好。我的孤独黑瓦，就是幸福标记。父子两人一路结伴前进，能轻松地聊过去、谈梦想、诉心事……

我的父亲早逝，使我无法好好了解他，或是让他好好了解我。在我人生前进的路上，没法向他分享我的想法，一直是我的遗憾。我曾经想过，如果我有机会与他，也是如此这般拥有父子之旅，那会是什么光景？而我，又会有什么记忆？

如果独处的时间短，可以像简媜所言，“也许只是在一盏茶的时间，回到童年的某一刻，再次欢喜；也许在一段路的行进中，揣测自己的未来”，那是内观自己时的心情，偶尔遇到年轻的自己，或是看到年老的自己。但是，如果是长时间的独处，则已经不是浪漫，而是严肃的生命课题。失婚之后的独居，退休之后的空巢，没有挚友的空白，心灵受挫之后的暗自疗伤……那一种似乎亘古永恒的孤寂，总是啃食着身体里最痛的那一处地方。

而我，则在和儿子结伴的旅行中，体验了孤独若水的幸福，也多了独处时的正能量。

古人说“君子慎独”，现代人则要学会“君子乐独”

武侠小说家金庸脍炙人口的作品《笑傲江湖》中，有一篇写的是令狐冲被师父岳不群以有损华山派声誉为由，处罚去思过崖“面壁一年”，地点是华山的玉女峰。此地无草无木，无虫无鸟，受罚的弟子在此面壁思过之时，不致为外物所扰、心有旁骛。这段故事的后续发展跌宕曲折，令狐冲的武功在此有了戏剧性地精进。我不多说小说内容，但是想谈谈这位坦荡的少年英雄，即便是独处，也玩兴不减，依然自在，而且飒飒大气。

话说，令狐冲携了一把长剑，自行到玉女峰绝顶的思过崖，那里有个山洞，里面有块光溜溜的大石头，他想，数百年来不知有多少前辈在此打坐过，便伸手拍了拍大石头，说道：“石头啊石头，你寂寞了多年，今日令狐冲又来与你相伴了。”

古人说“君子慎独”，现代人则要学会“君子乐独”。

如果，你没有看过金庸写的小说，我们倒是可以说说达·芬奇。日本著名的漫画家川口开治，在其作品《心：少年画家李奥纳多》中写过一段话：“从达·芬奇留下的画作、说过的话以及做过的事中，能让人感受到一股孤独，一种总是独自一人与世界沟通的孤独，那仿佛是一种人类历史上最大也最有魅力的孤独。他拥有值得骄傲的资源，虽然不被世人所理解，但他也无所惧！达·芬奇给了我们享受孤独的勇气！”

人生如茶叶蛋，有裂痕才会入味！不要害怕孤独，当精神获得平和，就像头在枕头上找到了一个最舒服的姿势。会感到孤独，就会勇敢！懂得孤独，也就懂得自在！

孤独美
与寂静心

站在赵无极空灵画作前的孤独感，让我想到马友友的大提琴

美会让人屏息。

兀自站在美术馆里，凝视着一件足以摇撼你视觉的作品，总会有一种莫名、幽微又浑身起鸡皮疙瘩的感觉。不知别人是如何察觉这种当下的感动，或是站在会产生共鸣的作品前，凝视着眼前的艺术创作时，他们是如何描述自己心里的感受。

对我来说，面对令我感动的画作，心中总会升起一股万物俱寂的孤独感，像血液窜动在身体所有的神经里，看着它，就像是在看一部悠远感人的电影，这种情感的流动中，有时你会泛着泪光，甚至流下泪水。在那个时刻，我总是任由孤独的翅膀自在翱翔，享受那种膨胀着的充沛的寂静，独自面对眼前空旷的美。

2017年12月，在南投酒厂里的威士忌酒窖，傍晚时分有一场令人期待的“野·台·系”美食活动。我从台南独自开车前往，先去亚洲大学现代美术馆看了一个展。这座美术馆是安藤忠雄在台湾设计的第一栋建筑。我是第二次到这里，两年前来是为了在

学校做演讲兼看清水模建筑，这一次则是专程为赵无极的回顾展“无极之美”而来。赵无极曾说：“我要画看不见的东西：生命之气、风、动力，形体的生命，色彩的开展与融合。”艺评者建议欣赏赵无极作品的方式，首重画作中的光影迷踪与色彩展现，看懂所建立的抒情抽象的画风，试图理解赵无极将大自然的风、光与影，化于无形之中。

我曾经问过一位大提琴家，她近来在聆听他人的演奏会时，印象最深刻的是怎样的情形？她说有一次听马友友演奏一曲极为隽永平常的曲目，当他拨弄琴的第一音，曲子随着弓弦缓缓而出的时候，她的眼泪不禁流下。她解释，除去淬炼多年的精湛琴艺，拨弄的第一音到底隐藏了多少生活与生命的历练……她说着，我仿佛能听到那震撼心灵的一声，真美啊！她听着马友友，整个人瞬时遁入一种孤独至美的空旷之中……

站在赵无极画的那几张关于空灵的画作前，我仿佛也听到了马友友的大提琴声。

三十年前播出的《走出非洲》，于空旷之地独自面对眼前大美之景

有一年长夏，我慎重选了一个周末的晚上，独自重新观看了1985年在美国上映的老电影《走出非洲》（*Out of Africa*）。除了脍炙人口的主题曲，电影还勾起了我三十多年前的记忆，其实也

顺便检视了自己年轻时想远走他乡的梦想。这部电影先后获得过28个大小奖项，光是在第58届“奥斯卡金像奖”就斩获7项，男主角罗伯特·雷德福，女主角梅丽尔·斯特里普，这两位仍是活跃在当今影坛的资深大明星，我很喜欢这两个演员。

故事发生在1914年的非洲，由梅丽尔·斯特里普饰演的凯伦很有钱，为了虚荣的头衔，嫁给了一个丹麦的风流贵族波尔。她带着满满一火车的行李来到肯尼亚，开创她的咖啡种植庄园事业。到了肯尼亚，波尔却根本不想遵守对凯伦的承诺，她从丈夫身上获得的只是一纸婚姻证书、男爵夫人的名号，以及差点要了她命的梅毒。

凯伦与所率领的黑人经过三年的努力后，庄园里的咖啡终于开花，可以采收了。影片中，曾有春天满园的白色咖啡花绽放的镜头。当年看这部电影时，我还很年轻，对咖啡没有太多认识，所以不以为意。然而如今我已是咖啡依赖者，三十多年后重新“初看”咖啡花，有了小许震撼。

影片中，凯伦认识了一位潇洒不羁的猎人——由罗伯特·雷德福饰演的邓尼斯。在凯伦与不忠的风流丈夫离婚后，邓尼斯成了她的情人。在遇到邓尼斯之前，凯伦是一个想完全拥有所爱的人与物的人，直到邓尼斯意外坠机身亡后，她才真正明了没有什么人是应该属于什么人的，每个人都是自由的个体，真爱不是占有，也不应该为了爱人改变自己或是对方。

电影里最重要，也是最浪漫的一幕，是邓尼斯驾着单桨小飞机，凯伦受邀坐在前座。飞机翱翔在天空中，凯伦觉得自己是在透过上帝的眼睛俯瞰美丽富饶的非洲大地……生活在现代社会的我们，可以在客厅手握遥控器随意切换频道，在探索频道或是国家地理频道可以轻松欣赏瑰丽的宽广大地。但是这部三十多年前的电影，甚至故事里所设定的1910年，想要看到风景的全貌却是何等珍贵，那如同上帝般的视野鸟瞰广袤无垠的非洲大草原，以及奔腾其间的各种野生动物。

飞行过程中，坐在前座的凯伦因为眼前的宽广大地感动万分而泪眼婆娑时，她向后伸出手，企图握住邓尼斯的手。凯伦没有回头，可是彼此的双手紧握，凯伦向邓尼斯表达了她的无限感激，谢谢他让她看见这一切……

看着影片里泪光闪烁的凯伦，我完全理解她的激动，以及激动之下涌现出的自我渺小的孤独感，两个人在天空中握着手，不言不语。《走出非洲》有许多值得探讨的内容：第一次世界大战、非洲殖民地、只准男人出入的俱乐部、独自面对狮子、与仆人法拉的道别等。但是，当两人翱翔天际，琐碎烦扰就随风而逝了，那是俯瞰大草原的天空之旅。重新看到这个精彩画面，我有些讶异，原来它已经在我脑海盘旋三十多年，虽有些淡了，现在却又重新鲜活起来。

当巴黎塞纳-马恩省河遇见京都鸭川——川端康成的孤独与寂静

川端康成所写的《古都》这本小说，描写了一对孪生姐妹，家里生活困难，其中一位被弃养，结果被富裕的夫妻捡去抚养，她在新家庭的生活无虞，被温暖和爱围绕，她叫千重子；另一位则在贫苦的劳作中奋斗着，她叫苗子。鬼使神差的安排使姐妹二人拥有完全不同的命运，故事就此展开……

日本小说家有着多愁善感的共性，《古都》之所以吸引我，应该是川端康成那美丽却泛着淡淡忧愁的笔调，不管是写景或是对白。在书中，我们可以看到传统日本，可以看到当代日本，也可以看到人们在传统日本与当代日本间的挣扎。2017年2月在台湾地区上映了《古都》[1]，电影可看作是小说的后续，讲述原著未完待续的衍生情节。影片讲的是千重子和苗子二人长大后的故事，这两个角色都由松雪泰子扮演。千重子已经继承百年老店“佐田和服”二十载，由桥本爱饰演的女儿小舞也亭亭玉立，小舞一直接受着各种日本文化的熏陶。影片中，随着她的生活中出现了和服、茶道、花道、书道、日本舞踊等，拍摄场景也在禅味浓厚的

---

① 《古都》分别在1963年、1980年、2005年和2016年先后四次被拍成电影在日本上映。作者此处所说的应该是台湾地区于2017年引进的2016年版本，由日本导演齐藤勇贵所导。作者在后文中对此也有交代。——编者注

京都无缝切换，而电影的摄影团队都是当今各个领域国宝级的专业人士。

新的《古都》电影细腻描绘了京都古城的绝美风情，也不讳言其所面对的文化冲击。过去这部小说曾被翻拍为电影和电视剧，睽违十年之久，重新推出的现代版《古都》更显时代意义。导演着墨在千重子与小舞母女的生命认知，看电影的过程很像在读一本关于京都历史的刊物，千重子就像古老的黑瓦木舍，而小舞就是新式住宅，两者并存于此，也彼此纠葛。

故事的另一条主线，讲的是由成海璃子饰演的苗子的女儿结衣，从京都去法国学画，然而遇到了创作瓶颈。当母亲苗子打算去巴黎探望女儿时，小舞也正好要陪书法老师前往巴黎办展。

这两个活在京都传统世家的花样女孩，正要走向人生的交叉路口……影片最后，两个女孩在巴黎圣母院相遇，教堂里烛光闪烁，画面里满是晕黄，很温暖，但两人却隔着远远的距离。偌大的教堂显得空旷，也显得空荡。未曾谋面的姐妹二人，彼此孤独地相望。

1968年，川端康成获诺贝尔文学奖，成为首位得奖的日本作家，他在颁奖典礼上朗诵和歌，剖析以雪月花为代表的四季流转，也说着禅宗的虚空虚无思想对其作品的启发。而他晚年发表的小说《古都》，在诺贝尔文学奖的颁奖典礼上备受赞誉，被认为超出了《雪国》和《千只鹤》。《古都》最早一版的电影拍摄于1963年，导演是中村登，主角则是演活了小津安二郎所导的

《秋刀鱼之味》待嫁女儿的岩下志麻，她率先挑战了外貌相似而气质迥异的双胞姐妹角色。

1980年版的导演是市川昆，主角则是山口百惠，《古都》是她息影前的最后一部作品。故事的真正主角其实是京都这座城市，电影以其四季景色变化，转型或消失中的四时祭典，随之转换的生活饮食（春之汤豆腐、夏之竹叶寿司味噌汤、秋冬进补的甲鱼）而牵引着叙事节奏。人物的悲欢离合在京都城中浮现又幻灭，对于这座永恒古都而言，显然仅仅是一瞬。

2005年，朝日电视台推出了电视剧场版，主角是有小山口百惠之称的当红偶像上户彩。而2017年2月上映的电影，则是《古都》第三次从小说跃身大银幕。这一次，导演根据小说留下的羁绊情缘，推测两人可能的婚嫁对象，叙事焦点落在了第二代身上，巧妙地让小舞与结衣，成了《古都》的新主角。

然而让我屏息的画面是影片结尾的一幕：盛装的小舞，带着表演会后未散的余韵，独自走向塞纳-马恩省河，她的海蓝色和服与杉林腰带背影，有着华美水波般的孤独呼唤。也是在暮色中，地球另一端的鸭川河畔，母亲千重子则是身着一袭米灰底的墨渲和服，背影显得低调却素净优雅。她们均是独自一人，望着同样静美的河水，一个向左，一个向右。这是属于川端康成的禅宗美学：孤独与寂静。

通过富春山居图的山水，认识苏东坡被贬的孤独与内心的寂静

有时，寂静美景真的能让人诗兴大发，坠入一种孤独创作的情境当中。

来说说2011年6～9月，台北故宫博物院推出了“山水合璧——黄公望与富春山居图特展”，展览的是元代大画家黄公望，在他七十八岁时描绘的富春江山水景色——《富春山居图》长卷。画中有初秋秀丽的景色，峰峦旷野，冈陵起伏，山势层层叠叠，林木交错，村舍聚疏，渔舟垂钓。景物排列疏密有致，墨色浓淡干湿并用，极富于变化。画作里的风景，或远或近，或快或慢，可以看到一条河流的全貌。还有很多时序，浏览时可以退远，看到山涧流水的春夏，有时又能看到秋天的景色。

当山居图绘毕之时，黄公望已是八十二岁的老叟了。

这幅长卷轴画，在清朝顺治年间被焚为两截，之后，画作两端各自独立，身世飘零。目前，《富春山居图》前段残卷“剩山图”被浙江省博物馆收藏，后一长段“无用师卷”现存于台北故宫博物院。两截分隔300年的原貌画卷，终于首次在台北故宫博物院合体重现。

话说富春江山水所展现的江南翠微杳霭之美，正是东汉隐士严子陵安顿心灵之处。北宋范仲淹第二次被贬出京来到此地，不久就从愁苦心情中解脱出来，他赞叹此处：“渔钓相望，凫鹜交下，

有严子陵之钓石，方干之隐茅。”范仲淹甚至为严子陵建祠，写下千古名句：“云山苍苍，江水泱泱，先生之风，山高水长。”

在此之后，历代被贬或是退隐的文人都来此舒缓心情，写下他们孤独与救赎交揉的诗句。熙宁六年（公元1073年）二月初春，当时所有的朝中大学者都被逐出京城，而任职祠部员外郎的苏东坡，因反对王安石的新法改革，也要求离开朝廷转任外职。那一年他任杭州通判，途中经过七里滩，独揽美景颇多感慨，留下了著名的《行香子·一叶舟轻》：

一叶舟轻，双桨鸿惊。
水天清、影湛波平。
鱼翻藻鉴，鹭点烟汀。
过沙溪急，霜溪冷，月溪明。

重重似画，曲曲如屏。
算当年、虚老严陵。
君臣一梦，今古空名。
但远山长，云山乱，晓山青。

谪仙李白的孤独：不敢高声语，恐惊天上人

有大快乐，必有大哀痛；有大成功，必有大孤独。在谪仙李白那豪放、浪漫的诗句背后，不经意间却流露出了孤独，让我们细细品味他写山、写水、写花、写月之余的孤独美。

先来看这首《独坐敬亭山》："众鸟高飞尽，孤云独去闲。相看两不厌，唯有敬亭山。"鸟飞云去，相伴于我的，只有敬亭山，谁人懂我？只有那寂寞的山！从李白的这首小诗中，我想起了曾独居于小屋的李清照，她也说过，独处时，我结交了一个最好的朋友，就是孤静。

偌大的世间，找不到一个共饮之人；我歌，月徘徊；我舞，影零乱。绝世自负的李白背后是那无限的寂寥，有花、有酒、有诗、有月、有舞、有银河，更有难以排解的孤独。李白在《月下独酌》这首诗中留下了他所创造的"三人孤独"字句，也抚慰了千年以来同样孤独的人们：

花间一壶酒，独酌无相亲。
举杯邀明月，对影成三人。
月既不解饮，影徒随我身。
暂伴月将影，行乐须及春。
我歌月徘徊，我舞影零乱。

醒时相交欢，醉后各分散。

永结无情游，相期邈云汉。

李白一生只求三件事：寻仙、行侠、当大官做大事。寻仙，不可得；求官，虽然被唐玄宗擢为翰林大学士，但仅仅是让他随时待诏，只当他是“随身的文学点唱机”；行侠，作为唐朝绝世剑术高手，他只杀过几人……《侠客行》中的几句虽写的是对行侠仗义的向往，字里行间，却也隐约可见一个人在为自己的理想孤独追求着：

赵客缦胡缨，吴钩霜雪明。

银鞍照白马，飒沓如流星。

十步杀一人，千里不留行。

事了拂衣去，深藏身与名。

我喜欢李白所写的《夜宿山寺》，词简意远：

危楼高百尺，手可摘星辰。

不敢高声语，恐惊天上人。

他夜宿深山中的寺庙，发现寺院后有一座很高的藏经楼，悄声登了上去，凭栏远眺，星光闪烁，于是写下了这首记游写景的短诗。大多数人对这首诗文的理解只是写景，写寺楼之高耸，然而诗歌的背后，却隐藏不住李白内心对“只手摘星辰”的渴望，那就是成仙！山之巅，斯人独立，遥望漫天星辰，举世孤独。静心居高，往往让人有遗世独立、乘风而去的慨叹，李白没有“高处不胜寒”的感慨，却怀有孤星之外的空旷心情，那是属于孤独诗人的“寂静心”。

禅学如何看待孤独与寂静？

禅宗讲究平常心和顺应自然，如果表现在文学中，可以用“淡”字说明精神上的简朴清逸，而非所谓狭义的孤独，这也是很多人在孤独中悟得佛性的形式。

柳宗元所写的“千山鸟飞绝，万径人踪灭”，是万物无迹与虚空无声；“孤舟蓑笠翁，独钓寒江雪”却是朴素淡泊与幽僻孤寂。有“诗佛”之称的王维所写的诗有一种空灵幽远的气质，也有孤独寂静的美感。比如那首《鹿柴》：“空山不见人，但闻人语响。返景入深林，复照青苔上。”另一首《鸟鸣涧》：“人闲桂花落，夜静春山空。月出惊山鸟，时鸣春涧中。”苏东坡说：“君子可以寓意于物，而不可以留意于物。”即是这般不可说的禅学意味。

另一位唐朝诗人常建，被归为山水田园派，诗作《题破山寺后禅院》："清晨入古寺，初日照高林。曲径通幽处，禅房花木深。山光悦鸟性，潭影空人心。万籁此俱寂，但余钟磬音。"诗歌的字里行间虽然落脚于具体事物，但内涵却是绵延不尽，未曾说寂寞冷冽感受，却有孤独寂静之意。

曾经与礼佛的朋友聊起唐代高僧惟俨禅师，别号"药山"。他说了一些禅师的偈语，有如云开见月，顿开的天光些许照入，使我感到一阵旷达悠远。其中，有朗州刺史李翱问说："如何戒、定、慧？"禅师回答得有趣："贫僧这里无此闲家具。"我这里没有这种"闲家具"，意思是人间没有这种工具。

李翱不懂，禅师补述："太守欲得保任此事，直须向高高山顶坐，深深海底行。闺阁事物舍不得，便是渗漏。"我得到此千多年前的偈语，多了一些自省，对孤独二字也有了更多想象，行到水穷处，坐看云起时。

有诗僧，也就有僧诗。唐代僧人开始有意识地研习书法、绘画；也有诗歌创作，写诗之人认为在日常琐事中也可以顿悟成佛，开始贴近文人的追求顺应自然，豁达无为。而一些仕途不如意的文人士子遁入空门，他们也将吟诗融入了修禅生活。到了宋朝，苏东坡、王安石也受到了禅学影响，随着佛教的世俗化，诗僧的白话诗渐渐通俗，内容多以山林自然为描述对象，除了狭隘，意境也显得清寒苦寂。

于是苏东坡与欧阳修戏称这样的僧诗，有"蔬笋气"。因此，后来的僧诗开始有意避开这个特点，我们可以从仲殊禅师的

《南柯子·忆旧》这首诗中，察觉更幽微的孤独与寂静之美。诗中写的是在夏日旅途中的一段感受，反映了禅师眷恋尘世往事的复杂心境，但也间接回答了困扰我的一个问题：出家会孤独吗？

十里青山远，潮平路带沙。
数声啼鸟怨年华，又是凄凉时候在天涯。
白露收残月，清风散晓霞。
绿杨堤畔问荷花：记得年时沽酒那人家？

禅学有“银碗里盛雪”，诗人却说“世间无限丹青手，一片伤心画不成”。

禅宗第十五祖是迦那提婆尊者，他是南天竺国人，姓昆舍罗，辩才无碍，参第十四祖龙树尊者，传佛心宗。

有一僧问颢鉴禅师：“如何是提婆宗？”禅师回答：“银碗里盛雪。”好美的字句，好美的具象：银白的碗里，盛装着白雪。但是，这个偈语如何解释？古来论者甚多，每个人的体会，“如人饮水，冷暖自知”，因此众说纷纭，难定一说。有人进一步解释：“银盘盛雪，明月藏鹭。”银白盘装满了皎洁白雪，月光下藏着白色的鹭鸶。彼此鲜明，两者却又不露痕迹成了一体；彼此相异，又少有分别。提问的人有困惑，对此偈语当然不解，然而禅宗的注脚却是：

云凝大野，遍界不藏。

雪覆芦花，难分朕迹。

如果你是画家，如何提笔绘出如此冷冷细细、深深密密的暧昧？天地有大美。有一次，八大山人与他的师父弘敏禅师来到山明水秀的白狐岭，弘敏禅师说："有心者看山水，每一景都能悟出道理，因此山水便成了活的山水，带上人性人情。此时，山水即是人，山水即是我。所以同样山水，在不同诗人画师笔下，就成了不同山水。"

天地有大美，有画家看到盛大的孤独，有诗人感觉到无声的寂静。写物即写我，中年贬谪在黄州的苏东坡，夜游赤壁，慨叹："哀吾生之须臾，羡长江之无穷。挟飞仙以遨游，抱明月而长终。"唐朝诗人高蟾，则在金陵的黄昏写下："曾伴浮云归晚翠，犹陪落日泛秋声。世间无限丹青手，一片伤心画不成。"

"银碗里盛雪"虽然莫测难窥，却也不是无迹可寻，无隙可觅。孤独有时是一种美。说着"古来圣贤皆寂寞"的李白，在送孟浩然去广陵时，写下"孤帆远影碧空尽，唯见长江天际流"，他久久不愿离去，留给我们的是一个无比孤独的身影。

孤独经济

2017年诺贝尔经济学奖得主理查德·塞勒：行为经济学有人情味

我这辈子离经济学最近的一次，应该是读大一时，偷偷喜欢过一位经济系的长发女孩。

经济学中的“经济”二字就是古人所说的“经世济民”，大意是“治理国家，救济百姓”，这也是李渊替唐太宗取名为李世民的原因。粗略地说，西方的经济学思想于清末时期引进东方，在那个年代，比较推崇哲学的假设与推论，有人称它为古典经济学。至于现代的经济学，特别是加入了物理与计量的概念之后，时常被说成是一种方法学，开始走向一种更客观、更可以被测量的学科。

关于经济学的定义，美国经济学会的网站里有更完整的介绍，对于经济学分类范畴也有规范。学会的网站里提道：经济学就是人们如何利用资源的一门学问。这门学问的发展，基本上围绕在理性、效用、效率、供需、均衡这五个课题。就算本科没有学过经济学，包括经商的人，都会对经济学所探讨的“理性”这一词，存有一份敬意。

可是，以我与身边朋友的消费经验来看，鲜有精打细算，以经济学思维出发的意识，大家都同意凭直觉花钱最开心。所以，对经济学原理不甚了解的我们就更敬仰这门学科了，而且常常无法把它与我们的生活相联系。我曾经想过，有哪一位经济学者可以以“人的角度”来说说经济为何物，而非以“神的角度”。

2017年诺贝尔经济学奖得主理查德·塞勒，时年七十二岁，是美国芝加哥大学教授。有媒体评价他的贡献：“体识到经济主体是人，花钱的决策不尽然理性！”这个观点太对我的胃口了，所以我很认真地阅读了有关他的获奖理由。

媒体报道说他的学术贡献是“他将行为经济学里的‘行为金融’与人类心理层面的实际假设，融入经济决策分析之中”。简单地说，人类的理性有极限，这种极限被称为“有限度的理性”，这是消费时的真实情形。再加上人们的“社会偏好”与“缺乏自我控制”，这三项因素产生了我们消费的后果。

塞勒利用这种后果，来证明这些人类特征如何系统地影响着个人决策及其所造成的消费结果。我这样说，会不会有点难以理解？赛勒以“心灵会计学”（Mental Accounting）的概念解释：在我们心中其实存在不同的账户，度假旅行、美食大餐、房屋贷款、年老退休等都分属于不同的账户，我们往往以这些小账户来简化我们的财务决策；然而这样进行分类的影响是，我们聚焦于如何缩小个别决策，化整为零，却少了整体考虑……于是，造成了“想得不多”的“有限度的理性”消费行为。

也因为，多数人对理性的认知有局限，所以，多数人所影响的金融市场与经济学家预测的市场结果往往不同。换句话说，过去经济学家的理论与事实常常与我们的“感性经济”有差距。

人类的本性缺乏自我控制，消费行为不易预测，当然这也让经济学家吃足了苦头。他们过去因为未能将心理学与经济学联系在一起，所以总是陷入窘境。

塞勒教授常利用“损失意识”这一概念，来解释人们为何在拥有某件东西时，会比未拥有之前，更看重这件物品的价值。经济学家称此是禀赋效应。这个字眼可能会比较难懂，举个简单的情感例子说明：一个女孩，认识了一个男孩，发现男孩是她喜欢的类型。两个人还未交往前，女孩行为举止很正常；当男孩成了她的男友之后，因为禀赋效应，她总担心条件这么好的男友，有一天会不会被身边的女生抢走。因为太在乎，因为怕有人抢走她的男友，所以她对男友常常“夺命连环Call”，朋友都笑她才刚刚坐下，第一道菜都还没上，就已经给男友打了两通电话。吃一顿两小时的饭，可以走出去打十通电话。透过这个例子你应该懂了禀赋效应的意思。人的心理真是奇妙，有太多有限度的理性，换言之，就是仍有不少非理性，所以感情是如此非理性，消费是如此非理性，经济结果也是如此非理性。父亲节买剃须刀当作礼物，其实就是卖方的理性与买方的非理性交织的结果。但是，这就是生活的乐趣，不是吗？

有人问塞勒教授如何使用诺贝尔奖的巨额奖金，这笔奖金的数额为900万瑞典克朗，约等于110万美金。他回答说："我将尽可能用非理性的方式，把这笔奖金花掉！"

中年大叔出租中——这一门孤独经济，算是公益活动

有时候，心情糟透了，像是一个被遗弃在城市角落的空啤酒瓶。几乎所有人偶尔都会出现这样的心情，对于外地来的孤寂年轻人，这是常有的感受，他们背井离乡，只身蜗居在大城市里。不仅是外地人，几乎所有人都在红尘中忙忙碌碌，说是寂寞，其实更像是孤寂，每个人总有莫名的孤独理由。

如果有人懂得这庞大的孤独能量，很快，它就会成为心理层面的孤独经济，算是"蓝海策略"[1]下的新市场。有了诺贝尔奖的加持，心理经济学没那么遥不可及，如果能够爬梳消费者的孤独心理需求，对之投以同理心，那就是一门好生意！

我曾经安慰刚刚失恋的年轻学生，告诉他们："失恋是痛苦的，但是永远记住这个痛苦，因为它，使你有同理心面对其他失

① 即蓝海战略（Blue Ocean Strategy），指其战略视线将超越竞争对手、移向买方需求，跨越现有竞争边界，将不同市场的买方价值元素筛选并重新排序，从给定结构下的定位选择向改变市场结构本身转变。——编者注

恋的人，甚至未来它可能会成为你创业的商机。”我认为，孤独亦然！

日本社会近年多了一种新行业，叫“中年大叔出租中！”这是一位名叫西本贵信的日本大叔为了清洗“怪怪大叔”的污名，突发奇想，创建了Ossan Rental（出租大叔）这个网站。事情的起因是，他自己已到大叔的年纪，有次搭车，听到女高中生说“大叔很恶心耶！”他被人以这样的方式贬低很难过，于是决定以大叔的正面能量与成熟能力，扭转社会对自己所在群体的观感。他想了一个办法，决定出租自己以展现大叔被遗忘的魅力，同时他也号召许多优质大叔加入他的网站。结果，生意竟然还可以，而且多是孤独的女性前往注册与体验。

大叔的租金为每小时1000日元，除了性，无论聊天、逛街、吃饭，甚至搬家都可以。这个新兴行业发展得过于火爆，吸引了一些亚洲媒体的注意，它们纷纷派出女记者前去“体验”。

2017年9月，有一名中国记者发表了一篇体验文，文章刊载在《商业周刊》第1557期：“她在赴日旅游期间，指定了一名四十岁出租私人时间的大叔，陪她爬山、野餐，留下了回国前的美好回忆，也亲自体验到现实生活中的微弱联结所促成的‘孤独经济’的兴盛。”文章结尾，这位记者引述福冈的一位出租大叔对这份工作的想法当是结语：“1000日元，改变不了人生，但能为干涸的心灵注入一滴活水。”

记得在2009年，我曾经与诚品书店的台南店企划主任，聊过一个招募年轻人参与的公益活动。为了能引发更多当地人响应，活动结束后，我们特地设计了一个回馈计划：请你吃晚餐。

我的原始想法是募集七位不同专长、不同领域的公共人士，他们分别邀请一位获奖的人（从参加公益活动的人群中抽签选出，或是活动表现优异者）吃饭。受邀的人可以携两名亲人或朋友赴宴，四人一桌。至于去哪家餐厅吃，由请客的人决定。我当时想邀请的人有家庭医学专业的医生、高中老师、历史教授、书法家、歌手、科技公司老板，再加上我共七位，可惜后来此项公益活动因故作罢，回馈计划也无疾而终。现在想想，当时活动如果称之为“大叔请你吃晚餐，谢谢你！”会不会能展现不同大叔的魅力呢?

这个企划的念头，其实很单纯。不管什么样的年轻人受邀吃晚餐，我想与这些已在公共领域有所成就的大叔聊工作、谈人生、说经验甚至讨论创作，用餐过程一定很有趣，或许彼此也会有新的想法与观念的碰撞。

我与作家刘克襄从2014年起，借着主持《浩克慢游》，在台湾走南闯北，遍尝美食。我俩彼此笑称这档节目也可以被称为“大叔慢游”，根本就是《王哥柳哥游台湾》2.0版。并且侥幸的是，2017年9月，该节目获得“金钟奖”生活风格节目主持人奖。

从《孤独的美食家》《一人食》到“请给我一个小单间！”

孤独经济，其实早就化身为各种模样遍布我们的四周，随着大都市里的独居青年和单身人士越来越多，一个人吃饭、一个人烤肉、一个人看电影、一个人购物、迷你KTV等“一人份”的消费需求就越来越突出。

《孤独的美食家》是由日本漫画家久住昌之创作、谷口治郎作画的一部漫画作品。东京电视台将其拍摄为系列电视剧，2012年首播，目前已经进行到第八季，此剧在台湾地区也很受欢迎，甚至节目组也到台湾取景，介绍美食。故事是这样设定的：井之头五郎是一个从事进口杂货贩卖的贸易业务员，他同时也是一个喜欢在忙碌之余到处品味美食的老饕。去各地拜访客户时，他总是带着游山玩水的雅兴，但只要肚子咕噜叫，就会一个人寻觅出差城市周遭的餐厅食堂，自在地大快朵颐。

剧中的他，喜欢在内心自言自语品评滋味。他有自己的名言：“人类真是可悲啊，不管再怎么受气、忍辱，肚子还是会饿。”也有“比起坐在一家静悄悄的店，身处这种当地居酒屋的喧嚣欢闹中，反而更能令人感到冷静安稳。”这是日本人的生活哲学，人多不代表孤独的美感就不存在。

“一人食”项目策划人蔡雅妮则说：“我一个人休闲时总感觉被歧视，特别是在餐厅，占一个桌子，经常被要求与别人拼桌，体验很不好。”她说的是一般餐厅的真实状态，不是《孤独的美食家》表达的自由状态。在现实生活中，一个人去餐厅，还要忍受其他桌客人异样的眼神洗礼。自己在家吃当然是一个解困的好方法，可是不会做饭的现实，应该是大家共同的困扰。所以，蔡雅妮的“一人食”在网络上诞生了，她组了团队，每一集教做一道菜，并介绍烹调这道菜的人，故事与美食结合的治愈效果，出奇地好。不久这个节目声名大噪，创业者还出了自己的书籍《一人食：一个人也要好好吃饭》。

中国幅员辽阔，年轻人离开遥远的家乡，进入大城市的竞争圈，工作之余，大部分人选择独自生活，一个人吃饭、看电影、唱卡拉OK等都很日常，连生日也是自己一人去吃火锅庆祝。久而久之，有些人会觉得其实独自一人更开心。就算到了周末，也渐渐适应了独处，甚至宁愿独处。根据国家统计局于2014年公布的数据，20～59岁的单身人口约有1.7亿人，男性占六成，女性占四成。如今这一数据增长得更快。

周末或是假期独处时，据相关统计显示女性大多在追剧，男性则是上网打发时间。庞大的单身人口成为孤独经济重要的消费潜力股。不同的厂商纷纷推出适合一个人使用的商品，迷你电饭煲、迷你冰箱，或是自拍杆。

背井离乡的年轻人，工作结束后回到出租屋里，常常孤独地躺在床上，孤独地看着四周的墙。于是，一个孤独经济的热门商品应运而生：揽枕！独自睡觉的床上，没有其他的陪伴，难免会有空虚寂寞和寒冷的时候，网上就出现各式的长长揽枕，像是强而有力的臂弯，可以依靠，可以搂抱。

当然，经济失落二十多年的日本更夸张，2016年，日本相关部门统计的数据显示，18～34岁的男女中，有超过四成的人没有性经验，更有约64%的人，还没有谈过恋爱。有不少男性坦承有“恐女症”，不敢和女性接触，于是，日本硅胶娃娃热销，每年产值不少。日本的社会新闻有时会出现“爱上硅胶娃娃的已婚男”报道，我把这种将感情转移到硅胶娃娃的行为称为“质数的孤独”，质数是指除了1和自己，没有其他自然数可以整除。

现代“新孤独主义”的生活方式已经深入人心。有媒体为此下了这样一个定义：有一部分人，他们可能不喜欢在购物、吃饭、娱乐等日常生活中与人交流，他们更喜欢一个人完成这件事情，最好连和服务生或店员说话的机会都没有。

日本的一兰拉面店做到了极致：单独用餐的你面对着墙，左右的食客和你之间也隔着一面墙，你不需要和旁边的人寒暄，不必彼此交换眼神，也不用担心自己的拉面与其他配菜点得太多而影响到他人的桌面，更不用因为不小心碰到别人的胳膊而向别人道歉。“请给我一个小单间！”一兰拉面店在用户体验和现代人性的洞察方面，真的是敏感又符合需求！

从饲养宠物的商机到扭蛋、公仔……

我曾与一位年轻学者讨论孤独经济，他分享了自己的洞察：“宠物，肯定也是孤独经济的一种，而且商机无限。”日本经济泡沫破灭后，人们心情苦闷，日本电视节目多了两个新形态：美食与宠物。有探讨食材精致的《料理东西军》《电视冠军王》所引发的拉面风潮与革命，《孤独美食家》的单人旅行美食，《来去北海道特集》的地方美食……另外宠物节目也不遑多让，《宠物当家》更是极受观众欢迎。

说到中国台湾，则有相当多的人，都或多或少养了宠物。据统计，犬猫数量由2005年平均每5户饲养1只宠物，增加到2015年每3户饲养1只。台湾地区相关部门指出，2005年，饲养猫狗的数量为136万只，十年内，这个数量已经增至230余万只，其中饲养宠物猫数量的增长率大于宠物狗。新增的饲养者有两类：老年人和晚婚的年轻人。社会学家对这一现象做出说明：这是因为经济低迷，年轻人收入过低，买不起房子，也不想结婚，当然更不想生小孩，于是养宠物成了花费较少功夫就能获得的依赖体验。他们抽取了收入中的相当一部分花在宠物身上，给宠物买玩具和饲养用具成了新形态的孤独经济。

2017年，大陆也发表了“中国人花百亿养宠物”的统计数据，原因相似：中产阶级的兴起、城市化、人口老龄化以及年轻人晚婚晚育的现实。2017年，消费者在宠物身上的开销是175亿人民币，2022年，这一数字将达到463亿，年增率高达20%。

因为养宠物的人越来越多，大学里新增的宠物护理课程竟然成了热门选修。宠物商店里的宠物食品更是琳琅满目，分类清楚，肉类、海鲜一应俱全，又细分低卡、低盐、有机、素食，全部为宠物的健康而设计。除了吃的正餐，还有许多可爱的宠物零食，更让人爱不释手。也有生物技术从业者嗅到了宠物饲养的商机，他们考虑到并不是所有的宠物主人都能支付得起进口宠物饲料的高昂价格，所以，这些从业者已经开始开发运用台湾当地食材，根据宠物的特性，推出依宠物品种、毛色、体型及年龄等分类的定制化宠物饲料。甚至，嘉义县已经计划设立首座公营宠物塔葬。

日本饲养宠物的情形更常见。日本人的低出生率完全投射在宠物身上，单身主义者或丁克族，宠物变成其生活中不可缺少的精神伴侣。日本老人的独居形态司空见惯，他们一方面排斥与成年子女同住，另一方面却形成疼爱宠物犹亲生儿女一般的心理。

居住在大城市的年轻宠物饲养者如何保证宠物的活动量呢？大城市人口密度极高，往往留给宠物的活动空间很少，但嗅觉灵敏的商人规划出了宠物专属的活动空间，比如麦当劳宠物游戏室，采用投币式收费，这个设施对住在狭小套房的宠物是一大福音。当然，也是一大商机！

日本许多商店更加欢迎宠物入内，例如专为犬猫设计的主题餐馆、咖啡厅、糕饼店等。这些商店把宠物当座上宾，推出一系列宠物套餐，不仅服务主人，更服务宠物。如果主人没有携带宠物，还不得进入呢！

这位年轻学者还观察到宅男的收集嗜好，肯定也属于孤独经济，从扭蛋到公仔……我的视野大开，深感赞同。

你的孤独，他的商机

孤独时的生日派对，你可以租一群人来对你欢唱生日快乐歌。

过年独自返乡，害怕家人关心你的婚事，你可以租个临时情人。

一个人想去野餐，你可以上网找个出租大叔相陪。

不想独自去KTV，也有人可以按时计费去你的包厢当啦啦队。

在家一个人吃火锅，韩国街头的投币机已经开始贩卖“一人量的鲜牛肉”。

一个人去咖啡馆怕尴尬？在东京的沉默咖啡馆里，顾客都不能讲话。

一家给孤独者的书店，宣告“爱不会让你成长，孤独会”，告诉你该买书了。

日本回转寿司店，已经开设了单人包厢。

为了排遣孤独，白天有空闲时间的主妇们会在不知不觉间，盼望着能够被别人邀请去“购物”。聪明的商家都懂得适时发出关心的短信，“有仪式感地”邀请她们到店里参加一个小活动，即使仅仅来喝杯茶也欢迎！我们已经准备好今年的春茶，虚席以待……你去不去?

有一群从事养殖业的渔人，他们关怀滨海的生态，也动手保护家乡水泽的红树林。有一天，他们想在整排木麻黄老树旁的自家院子里卖咖啡，那里有几畦青菜、芦笋和萝卜，也有瓜棚和果树，不远处还有一株高大的青枫老树。最棒的是田园旁有一方大池塘，鸟儿飞在其间，树荫草影，清风水波。这群连咖啡都不会泡的渔人，动手搭建了四面通风的竹棚和在水面上的赏鸟平台。

像是《瓦尔登湖》的孤独角落，开张之后，生意竟然不差，下午茶时间总有许多结伴而来的主妇，她们铺上自己从家里带来的碎花桌布，从野餐篮里取出干净的花瓶，里面插满了盛开的白色小雏菊。当然，这里也吸引了许多“一个人”，来“独品”水鸟与咖啡。

孤独万岁！